ケーススタディで背筋が凍る

日本の有事

――国はどうする、あなたはどうする？

だからこそ今、日本強靭化宣言

渡部悦和

ワニブックス
PLUS新書

はじめに

危機管理の観点で戦後最も厳しい状況にある日本

日本は今、安全保障や危機管理の観点で戦後最も厳しい環境にあると言われています。2018（平成30）年6月12日に米朝首脳会談が行われ、一時的に緊張緩和のムードがありましたが、北朝鮮の核・ミサイル開発問題は未だ解決していません。中国は2050年までに世界一の強国となることを目指して人民解放軍の増強を進め、その影響は我が国にも及んでいます。また、首都直下地震をはじめとする大規模自然災害はいつ発生しても不思議ではない状況ですし、過激思想に影響されたテロリストによるテロ活動の可能性もありますし、サイバーテロの可能性は平時においてもあります。このような厳しい状況において、多くの深刻なリスクに適切に対処できる強靭《きょうじん》な――強くてしなやかな――日本を実現するために、何をすべきかが問われています。

本書を書く際に意識したのは、平成30（2018）年末までに実施されるであろう

「防衛計画の大綱の改定」です。本書においては、大綱改定に先んじて、厳しい環境下にある我が国の危機管理全般にわたる問題点を洗い出し、その解決策について提言したいと思っています。

事実に基づく危機管理の在り方検討

私にとって決して忘れることのできない大災害がありました。それは、平成7（1995）年3月20日に発生した地下鉄サリン事件であり、平成23（2011）年3月11日に発生した東日本大震災です。

地下鉄サリン事件では私自身が被害者になり、自衛隊中央病院に数日間入院しました。また、東日本大震災の際には、陸上幕僚監部の陸上幕僚副長のポストについていて、自衛隊の災害派遣に参加しました。

東日本大震災における未曾有《みぞう》の危機的状況において、国民は自衛隊に多くの役割を期待しました。実際、自衛隊は行方不明者の捜索、人命救助、がれきの除去、給食・給水、福島第一原発事故への対処、遺体の運搬、灯油等の輸送など、ありとあらゆる役割を果たしました。

しかし、その時に私が思ったことは「国民は自衛隊をスーパーマンであるかのように思い、多くの役割を自衛隊に期待したが、自衛隊ができないことは多く、そのできないことを実施するのは、本来その仕事を実施すべき他の組織の責任であり、国民一人ひとりの責任ではないのか」ということでした。日本の危機に際しては、日本のあらゆる組織及び個人が各々の役割を果たすこと、つまり、オール・ジャパンで対応することが原則であると痛感したのです。このオール・ジャパンの態勢なくして「日本強靭化」は達成されません。

本書においては、日本の危機管理全体を俯瞰《ふかん》しながら、危機管理に係わる組織、国民一人ひとりの役割を事実や経験に基づいて考えてみました。例えば、様々な危機に際して、政府（特に内閣官房）は何をしなければいけないのか、政治家、自衛隊や警察などの危機管理組織、地方公共団体、国民は何をしなければいけないかを明らかにしたいと思います。

安全保障上、隙だらけの日本

安全保障上、日本ほど隙だらけの国は極めて稀《まれ》です。先の大戦の敗戦に伴い成立した憲法の第9条が戦後日本の安全保障論議を極めて歪《いびつ》なものにしてきました。

日本国憲法は平和主義の理想を掲げ、第9条に戦争放棄、戦力不保持、交戦権の否認を規定しています。この極端な平和主義にこだわりすぎたために、我が国の安全保障論議は世界の専門家から嘲笑される極めて馬鹿げた非論理的なものになりました。

過度に抑制的な防衛政策（専守防衛、必要最小限の防衛力、軍事大国にならない、非核三原則など）のために中国、北朝鮮、ロシアなどの、力を信奉する国々から侮られ、脅威を受け、脆弱《ぜいじゃく》な状態になっているのです。

我が国の憲法学者の中には公然と「自衛隊は憲法違反だ」と主張する者がいますし、左派系の野党はこの自衛隊違憲論を根拠として、国会の安全保障議論がまっとうな方向に向かうのを妨げてきました。憲法改正に反対し、日米安全保障条約改定に反対し、スパイ防止法に反対し、特定秘密保護に関する法律に反対し、平和安全法制に反対するなど、日本の安全保障体制を改善する動きにことごとく反対し続けてきたのです。

その結果、日本は世界的に有名なスパイ天国となり、日本に潜入した工作員が自由に活動しています。また、北朝鮮の武装工作船や漁船及び中国の海警局の公船や漁船が我が国の領海を頻繁に侵犯しています。

隙だらけの日本の現状を抜本的に改善しなければ、日本の強靭化は達成できません。

法的根拠がなければ自衛隊は1mmも動けない

憲法第9条の改正の問題がやっと政治日程に上がってきました。国民の皆さんにぜひ理解していただきたいことは、自衛隊は法律を根拠として活動しているということです。根拠となる法律がないにも拘《かかわ》らず、自衛隊が勝手気ままに活動することはできません。

私が陸上自衛隊に入隊したのは昭和53（1978）年でしたが、その時に大きな安全保障上の出来事がありました。それは、来栖弘臣《くるすひろおみ》統合幕僚会議議長（当時）の超法規的発言でした。

来栖統幕議長は、有事法制の必要性を訴えるために、「現行の自衛隊法には穴があり、奇襲侵略を受けた場合、首相の防衛出動命令が出るまで動けない。第一線部隊指揮官が超法規的行動に出ることはあり得る」と発言しました。この超法規的行動という発言が問題視され、彼は解任されました。

彼の発言の本質的部分である「現行の自衛隊法には穴があり、奇襲侵略を受けた場合、首相の防衛出動命令が出るまで動けない」は、当時の法体系として当たり前の事実を表明しただけです。法がなければ自衛隊は動けないのは事実です。

日本の隙だらけの安全保障体制を改善するために、予算をかけなくてもできることから始めましょう。まず、日本の法体系を安全保障上の常識に基づくものに改善していきましょう。その第一歩は、憲法第9条の改正です。加えてその改正に呼応し、現行の過度に抑制的な安全保障政策や戦略を現実的なものに変えていくことが急務です。

そして、法体系の整備において、現在の喫緊の課題である「グレーゾーン事態」における法整備の重要性を強調したいと思います。

以上のような問題意識において、立法に携わる国会議員や国会の責任は極めて重いものがあります。しかし、現実はどうでしょうか？　この厳しい安全保障環境にも拘らず、森友学園問題や加計《かけ》学園問題などの非本質的な問題をネタにして政権批判を延々と繰り返し、立法府としての役割を果たしていません。ここに日本の本質的な問題点が存在します。

危機管理の本質は、最悪の事態を想定しそれに万全の態勢で備えること

危機管理に携わる者として絶対にやってはいけないことは「希望的観測」に浸ることです。米太平洋軍総司令官のハリー・ハリス大将（当時）は中国人民解放軍について聞かれ、「私は中国に対して『こうあってほしい』という願望を持ったことはない。あるがままに、現実的に対処すべきだと主張してきた」「歴史的にも前例のない中国の経済発展は、目をみはるようなアグレッシブな軍事増強を可能にし、まもなく軍事のあらゆる分野で米国と正面から対決する状況になるであろう。人民解放軍の戦力増強に対して米国がいま以上の努力をしなければ、米太平洋軍は未来の戦場において、中国人民解放軍と対等に戦えなくなる」と証言しています。※1

危機管理上の判断における失敗の大部分はこの希望的観測に起因します。希望的観測

ではなく、最悪の事態を想定し、その最悪の事態に対して万全の備えをすることが危機管理の大原則です。

本書においては、最悪の事態として「同時に生起する複合事態」を提示します。そして、その具体例として2020年東京オリンピックにおける「同時に生起する複合事態」を検討したいと思います。

危機管理の責任は国民全員にある

多くの日本人は、日本の危機管理の責任は自衛隊にあると誤解しています。

自衛隊が日本防衛の中核的責任を有していることに議論の余地はありませんが、自衛隊だけで日本の危機管理が完結するわけではありません。自衛隊がその能力を遺憾なく発揮すれば、「被害」を最小限にすることはできるでしょう。しかし、すべてを自衛隊頼みにするのではなく、国民一人ひとりの「自らの命は自ら守る」という認識を土台として日本防衛は成立するのです。

例えば、北朝鮮の弾道ミサイルが不幸にも日本の領土に落ちてきたとしましょう。その時に自分の命は自分で守らなければいけません。頑丈な建物の中に隠れる、自分の周りに建物がなければ、それに代わるもの（樹木や壁など）に隠れる、それもなければ、努めて低い姿勢でミサイルの破片を避ける行動が要求されます。

自衛隊、警察、海上保安庁などの活動を支えるのは国民です。国民の支持、協力なくして日本の危機管理は成立しません。

残念ながら、日本に住み、その恩恵を受けながら、日本の国益に真っ向から反対する組織や個人が存在します。そのような人たちに負けてはいけません。この美しい日本を守り、思想信条の自由が保障される自由民主主義体制を守る責任は国民全員が負わなければなりません。まさにオール・ジャパンの体制が必要です。

本書で留意した事項

・脅威対象国として考えられるのは中国、北朝鮮、ロシアですが、本書においては紙面

※1　2018（平成30）年3月15日の上院軍事委員会での証言

の関係上、焦点を中国と北朝鮮に絞って記述しました。そして、韓国については直接的な脅威対象国ではないのですが、北朝鮮との関係でどうしても触れざるを得なかったので言及しています。ロシアについては、中国と北朝鮮で記述した内容を準用していただければと思います。

・私は、日本で生活する日本国籍以外の人々に対する偏見は持っていませんし、日本で幸福な生活を送っていただきたいと思っています。しかし、特定の国家が、日本国内で生活する人々をコントロールし、テロ活動等の犯罪行為を強制するのであれば問題です。そのような外国の干渉が日本の危機を引き起こすとしたならば、それを排除しなければいけないと思います。人を憎まず、違法な干渉をする国家には厳しく対処すべきです。

・危機管理においては、行動の法的根拠が極めて重要ですので、読みやすさを阻害しない範囲で法的根拠を書き入れました。また、簡単明瞭な記述を心がけ、多くの図表や写真を使用し、危機管理の専門家だけではなく一般の読者にも理解容易な内容としましたので、最後まで読んでいただければと思います。

なお、本書の大部分の執筆と編集を渡部が担当し、木村康張・元一等海佐が海に関する事項を執筆し、池田勝・元空将補と河津忠次・元一等陸佐も本書の一部を執筆しました。

平成30年夏　防衛省近くの市ヶ谷オフィスにて

渡部悦和

はじめに　3

第6章　複合事態対処――2020東京オリンピックのケース……205

第7章　あるべき危機管理態勢

第1章

日本の危機管理組織と国民保護

日本が様々な危機（武力攻撃、テロ攻撃、首都直下地震等の大規模自然災害など）に直面した場合、その危機を誰が管理し、処理するかについて我が国における危機管理の全体像を説明したいと思います。

図1－1をご覧ください。我が国の危機管理体制の頂点には内閣総理大臣が位置し、その下で内閣官房長官以下の内閣官房が危機管理や国家安全保障を担当します。

この内閣官房と密接に連携して日本の危機管理を直接的に担当するのが防衛省・自衛隊、警察、海上保安庁、各中央省庁などの実動組織です。そして、最終的に国民を直接保護する責任は地方公共団体にあります。

1　内閣官房における事態対処・危機管理組織

我が国の安全保障に関する重要事項を審議する機関である国家安全保障会議（ＮＳＣ：National Security Council）が、平成25（２０１３）年12月、内閣に設置されました。そして、国家安全保障局（ＮＳＳ：National Security Secretariat）が、平成26（２

図1-1　「内閣官房」

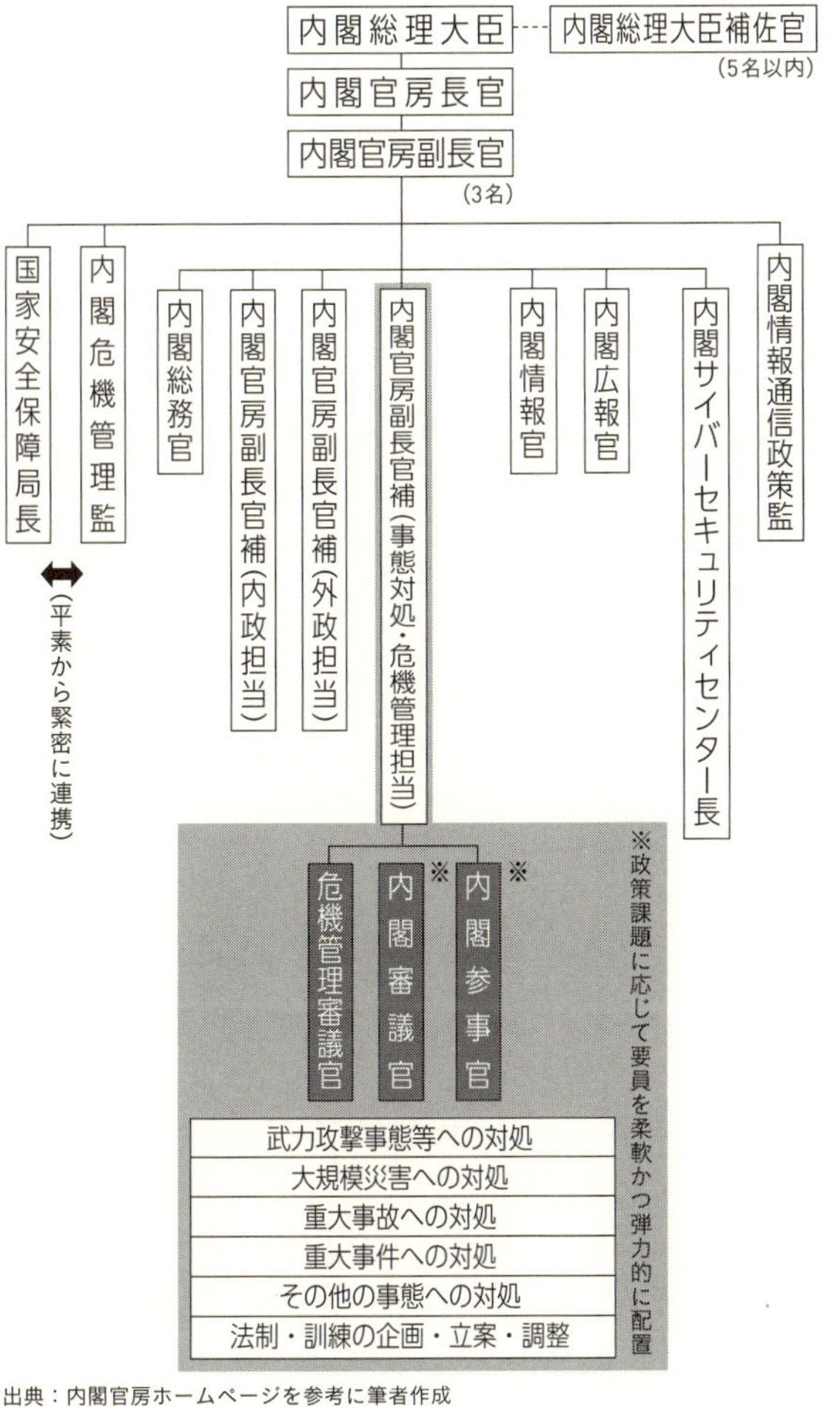

出典：内閣官房ホームページを参考に筆者作成

014）年1月、内閣官房の1組織として設置されました。同局は国家安全保障会議を恒常的にサポートし、平素から内閣総理大臣の意向を踏まえつつ、国家安全保障に関する外交・防衛政策の基本方針・重要政策の企画立案、総合調整を行っています。

国家安全保障と危機管理は密接に関係し、平素から、国家安全保障局長と内閣危機管理監は緊密に連携・協力して業務を行っています。

なお、このNSCとNSSの設置は、日本の安全保障を含む危機管理を高く幅広い視点で所掌する組織の誕生を意味し、危機管理の歴史のなかで画期的な意義を有する出来事でした。

国家安全保障局（NSS）

国家安全保障局では次のような業務を行っています。

・国家安全保障会議を恒常的にサポートします。

・内閣官房の総合調整権限を用い、国家安全保障に関する外交・防衛政策の基本方針・重要事項に関する企画立案・総合調整に専従します。

・緊急事態への対処に当たり、国家安全保障に関する外交・防衛政策の観点から必要な提言を実施――事態対処のオペレーションは、危機管理の専門家である内閣危機管理監等が引き続き担当――します。

・関係行政機関等に対し、適時に情報を発注します。また、会議に提供された情報を、政策立案等のために活用します（情報の「総合整理」機能）。

内閣官房副長官補

内閣官房副長官補は、内閣官房に三人置かれ、内閣の重要政策等に関する企画立案・総合調整を担うキーパーソンです。

●内閣官房副長官補（内政担当）及び内閣官房副長官補（外政担当）

内閣官房副長官補（内政担当）及び内閣官房副長官補（外政担当）の下では、国内外の様々な内閣の重要政策等に関する企画・立案、関係省庁との総合調整等に取り組んでいます。

具体的には、

・内閣総理大臣等からの指示を踏まえ、内閣が推進する重要政策に関する企画・立案を行います。

・関係省庁が複数に跨《また》るような政策課題を調整します。

・場合によっては、特定の政策課題を推進・調整するための分室を内閣官房副長官補の下に設置し、機動的かつ柔軟な対応を行っています。

●内閣官房副長官補（事態対処・危機管理担当）

内閣官房副長官補（事態対処・危機管理担当）の下では、国民の生命、身体、財産に重大な被害が生じるか生じる恐れがある緊急事態への対処に関連する重要施策の企画、立案、総合調整を行っています。

緊急事態には、地震災害・風水害・火山災害等の大規模な自然災害、航空・鉄道・原子力事故等の重大事故、ハイジャック・ＮＢＣ（核・細菌・化学兵器）・爆弾テロ・重要施設テロ・サイバーテロ・領海侵入・武装不審船等の重大事件、核実験、弾道ミサイル飛来や新型インフルエンザの発生などの重大な事態があります。

また、総理大臣官邸内の危機管理センターは、24時間体制で緊急事態に備えるとともに、事態発生時には、初動対処を実施し、速やかな事態の把握、被災者の救出、被害拡大の防止、事態の終結に向けた対策の協議、政府の対応に関する総合調整を行っています。

内閣サイバーセキュリティセンター(NISC：National center of Incident readiness and Strategy for Cybersecurity)

サイバー攻撃の脅威が高まり、サイバーセキュリティ[※1]の強化が我が国の重大な課題となっているなか、「サイバーセキュリティ基本法」が平成26年11月に成立しました。

そして、同法に基づき、サイバーセキュリティに関する施策を総合的かつ効果的に推進するため、内閣に「サイバーセキュリティ戦略本部」が、平成27（2015）年1月、設置されました。

※1　サイバー攻撃に対する防御行為のこと。コンピューターやネットワークへの不正侵入、データの改ざん、破壊、情報漏洩、ウイルスの感染がなされないように、コンピューターやネットワークの安全を確保すること

また、サイバーセキュリティに関する政策及びインシデント（事案）対応の司令塔として、内閣官房に「内閣サイバーセキュリティセンター（ＮＩＳＣ）」が設置されました。ＮＩＳＣは、サイバーセキュリティ戦略本部に関する事務の処理を適切に行い、かつ、政府全体のサイバーセキュリティの強化を総合的に推進する役割が期待されています。

初動対処の流れ

緊急事態に対する初動対処の流れですが、図１-２をご覧ください。緊急事態が発生すると、情報を「内閣情報集約センター」に集約し、事態の発生の第一報を内閣総理大臣や内閣官房長官など、内閣危機管理監、官邸危機管理センターに通報します。通報を受けた官邸危機管理センターは、緊急参集チームへ参集の指示を行い、官邸対策室、政府対策本部が設置されます。

図１-２で明らかですが、事態対処のオペレーションにおいて、国家安全保障局（ＮＳＳ）は直接関与せず、危機管理の専門家である内閣危機管理監等が担当します。

図1-2 「緊急事態における初動対応の流れ」

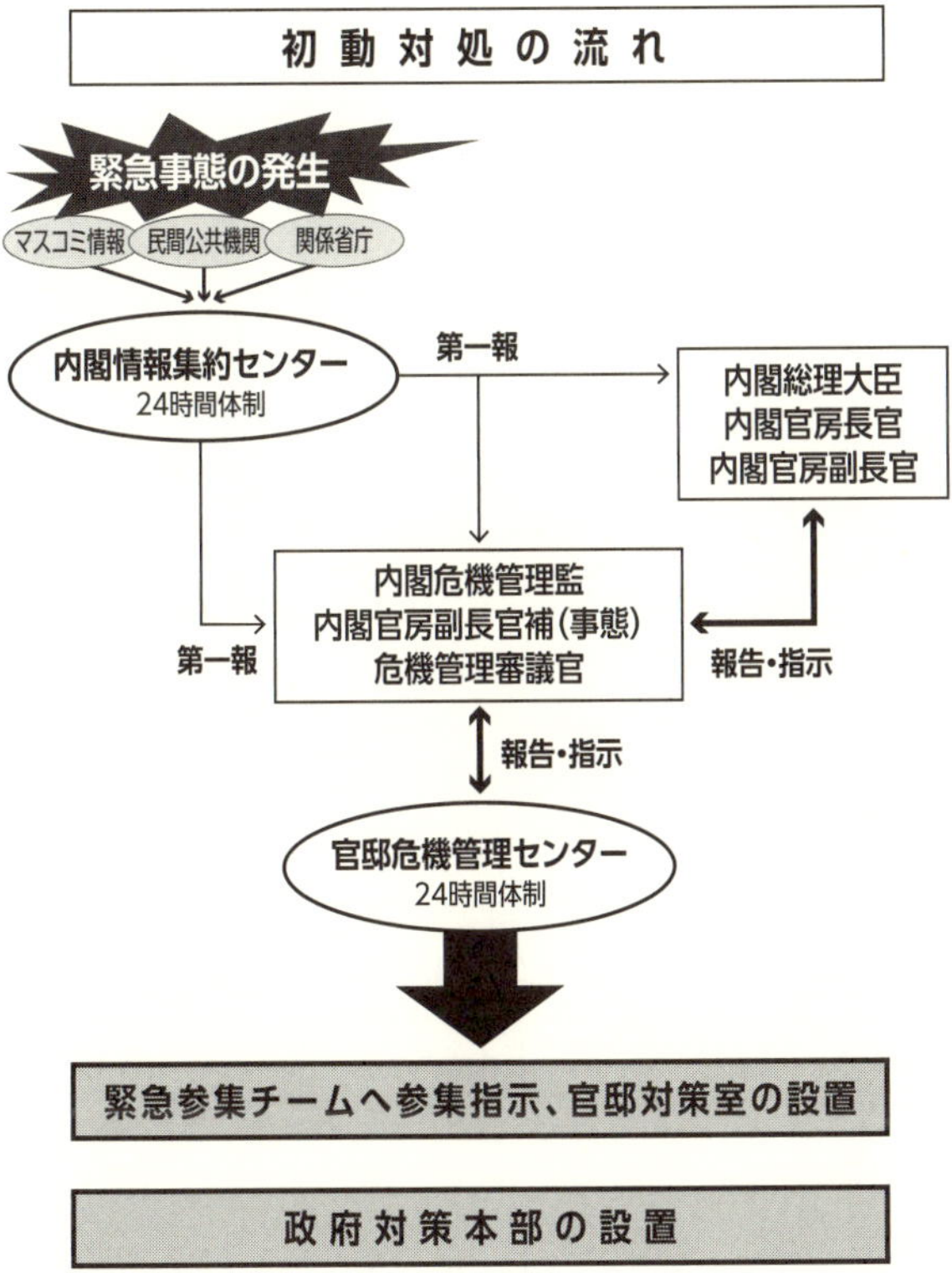

出典：内閣官房ホームページ

2　いかに国民を保護するか

国民保護法

多くの日本人は、能登半島沖不審船事件（平成11〔1999〕年3月23日）、米国同時多発テロ（2001〔平成13〕年9月11日）などにより、「将来、日本も他国からのテロや武力攻撃を受ける可能性があるのではないか」と考えるようになったと言われています。

このような危機感を背景にして、平成15（2003）年6月に「事態対処法[※2]」が成立しました。事態対処法は、武力攻撃等の有事の際における、国、地方公共団体、公共機関のそれぞれの責任と、国と地方公共団体の役割分担、そして国民の協力を定めたものです。

さらに、「国民保護法」が平成16（2004）年6月18日に公布されました。同法により、日本でテロや武力攻撃が発生した際に、国民の生命や財産を保護し、国民生活に及ぼす影響を最小にするため、国、地方公共団体、指定公共機関（交通機関、NTTなどの通信会社など）の責務を定め、国家ぐるみの態勢を整備したのです。

　この国民保護法は、北朝鮮、中国などが日本に対して様々な敵対行動をとった際に、我々が何をすべきかを明らかにしていますので非常に重要です。

国民保護の全体像

●武力攻撃事態の場合

　武力攻撃事態等における国民の保護のための措置には「避難」「救援」「武力攻撃災害への対処」があります。国、都道府県、市町村は、次頁の図１-３にあるような措置を実行する責任があります。

・自衛隊、警察、消防

　自衛隊、警察や消防は、国、都道府県や市町村とどのような関係にあるのでしょうか。

※２　法律名は、「武力攻撃事態等及び存立危機事態における我が国の平和と独立並びに国及び国民の安全の確保に関する法律」

図1-3　「武力攻撃事態における国民保護のための措置」

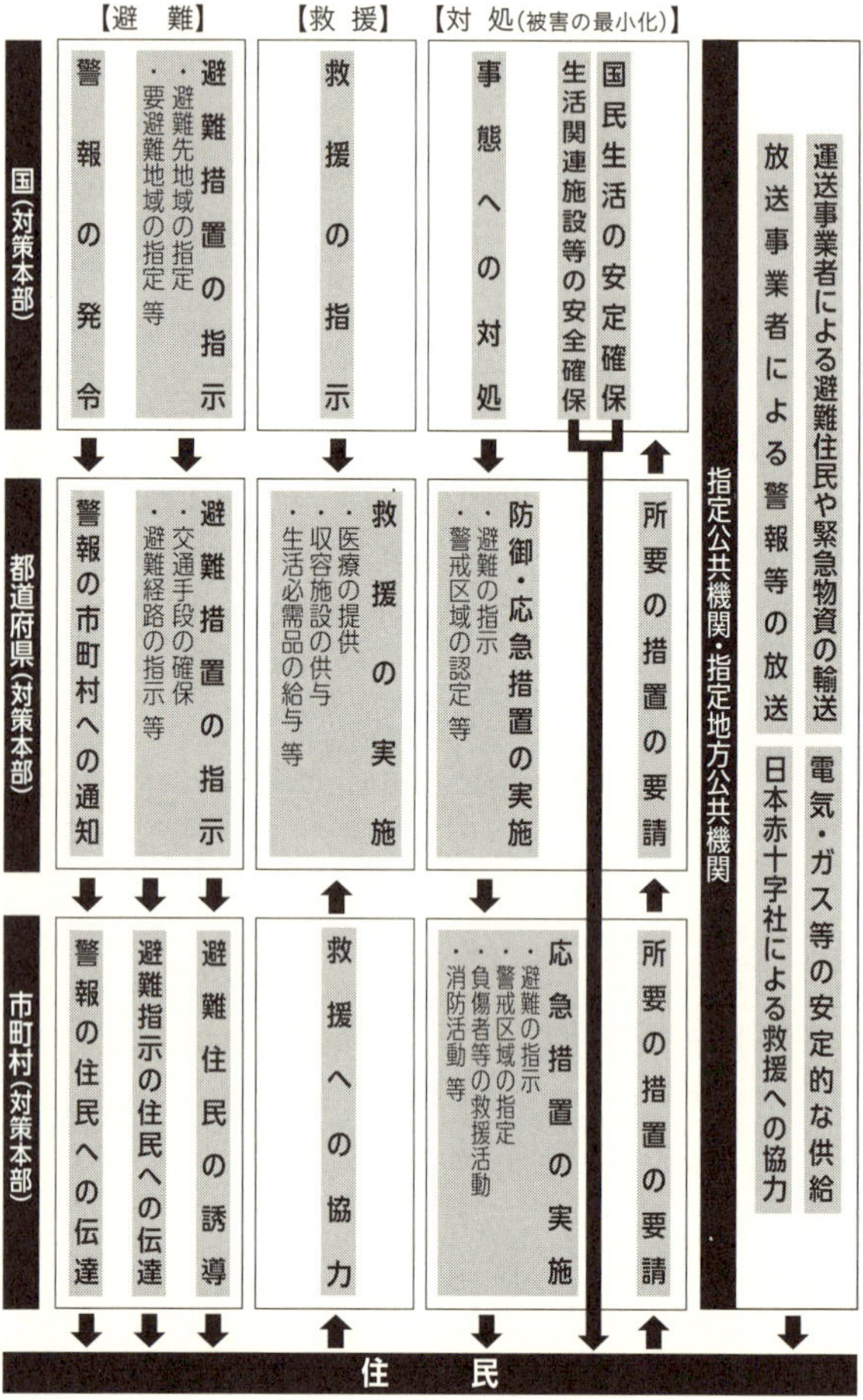

出典：内閣官房国民保護ポータルサイトを参考に筆者作成

簡単に言うと、国―自衛隊、都道府県―警察、市町村―消防という関係になります。つまり、自衛隊は国が管轄する組織、都道府県の警察は都道府県が管轄する組織、各市町村に消防署があることで分かるように、消防は市町村が管轄する組織です。

また、消防の組織についても、消防に必要なヘリコプターなどは、それぞれの市町村で所有できるわけではないので県レベルで管理しています。

「自衛隊がいるから頼めばいい」「自衛隊に頼めばなんとかなる」と思っている人は多いと思いますが、自衛隊は要請されたすべてのことを行うことはできません。自衛隊の本来任務は、自衛隊にしかできない、「武力攻撃やテロなどに対処すること」です。国民保護の現場で対応に当たらなければいけない市町村長は、個別に自衛隊に活動を要請することはできません。市町村長は、都道府県知事に自衛隊の派遣の要請を求め、さらに都道府県知事が防衛大臣に派遣要請を正式に行うことになります。

それでは具体的に避難、救援、武力攻撃、災害への対処について説明します。

・**避難**

国は、武力攻撃から国民の生命、身体、財産を保護するため緊急の必要があると認める時は警報を発令して、直ちに都道府県知事に通知します。また、住民の避難が必要な時は、都道府県知事に対して、住民の避難措置を講じるように指示します。

都道府県知事は警報の通知や避難の指示を行います。市町村長はサイレン・放送・市町村の防災無線を通じて国民に警報や避難の指示を伝達し、避難住民の誘導を行います。

・**救援**

国は都道府県に対して救援の指示をし、救援活動は、都道府県知事が中心となって、市町村や日本赤十字社と協力して実施します。具体的な救援活動は、安否情報の収集・提供、食品・生活必需品の提供、避難場所・収容施設の提供、医療の提供などです。

・**武力攻撃災害への対処**

武力攻撃に伴う被害をできる限り最小化するため、国や地方公共団体が一体となって

図1-4　「避難における国、都道府県、市町村の役割」

国

●警報の発令・通知
- 武力攻撃事態等の現状と予測
- 武力攻撃が迫り、または現に武力攻撃が発生したと認められる地域
- 住民や公私の団体に対し周知させるべき事項

●避難措置の指示
- 住民の避難が必要な地域　・住民の避難先となる地域
- 住民の避難に関して関係機関が講ずべき措置の概要

↓

都道府県

●警報の通知
- 武力攻撃事態等の現状と予測
- 武力攻撃が迫り、または現に武力攻撃が発生したと認められる地域
- 住民や公私の団体に対し周知させるべき事項

●避難の指示
- 住民の避難が必要な地域　・住民の避難先となる地域
- 主要な避難の経路　・避難のための交通手段　等

↓

市町村

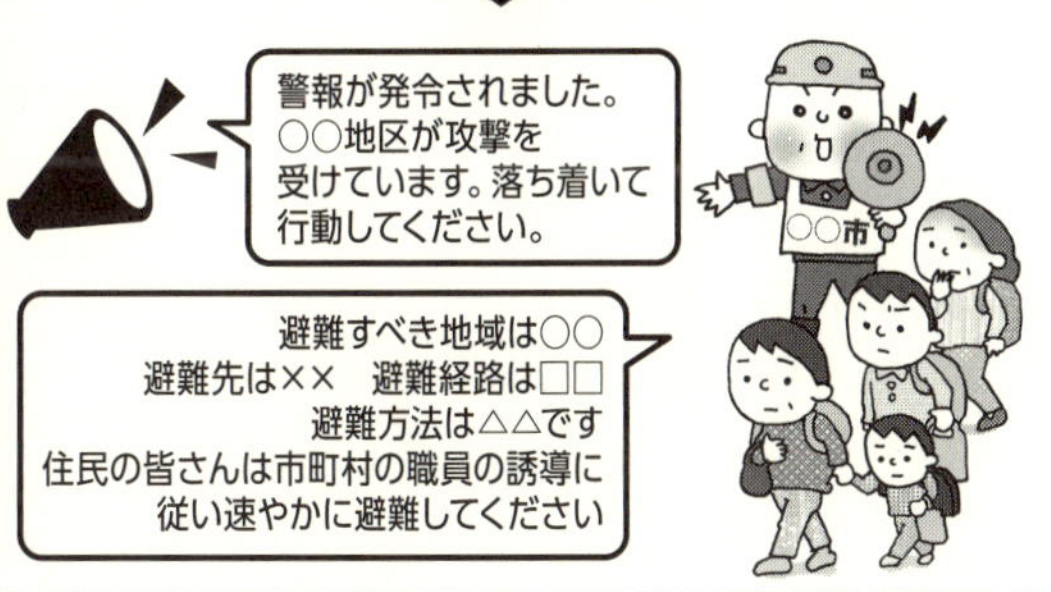
警報が発令されました。
○○地区が攻撃を
受けています。落ち着いて
行動してください。
避難すべき地域は○○
避難先は××　避難経路は□□
避難方法は△△です
住民の皆さんは市町村の職員の誘導に
従い速やかに避難してください
○○市

出典：内閣官房国民保護ポータルサイト

対処します。

具体的な措置としては、ダムや発電所などの重要施設の警備、住民が危険な地域に立ち入らないように警戒地域の設定、消火や被災者の救助などの消防活動などです。

●緊急対処事態への対処

緊急対処事態とは、武力攻撃の手段に準ずる手段を用いて多数の人を殺傷する行為が発生した事態（テロ等の事態）、またはその事態が発生する明白な危険が切迫していると認められる事態で、国家として緊急に対処することが必要な事態をいいます。

緊急対処事態に対処するのは警察であり、その能力を超える場合には、治安出動が発令され自衛隊も対処することになります。

●攻撃対象施設等による分類

事態例

①危険性を内在する物質を有する施設等に対する攻撃が行われる事態

・原子力事業所などの破壊

大量の放射性物質などが放出され、周辺住民が被曝するとともに、汚染された飲食物を摂取した住民が被曝します。

・石油コンビナート、可燃性ガス貯蔵施設などの爆破

爆発・火災の発生により住民に被害が発生するとともに、建物やライフラインなどの被災により、社会経済活動に支障が生じます。

・危険物積載船などへの攻撃

危険物の拡散により沿岸住民への被害が発生するとともに、港湾や航路の閉塞、海洋資源の汚染など、社会経済活動に支障が生じます。

②多数の人が集合する施設及び大量輸送機関等に対する攻撃が行われる事態

事態例

・大規模集客施設、ターミナル駅などの爆破

爆破による人的被害が発生し、施設が崩壊した場合は被害が多大なものとなります。

●攻撃手段による分類

①多数の人を殺傷する特性を有する物質等による攻撃が行われる事態

事態例

・ダーティボム※3などの爆発

爆弾の破片や飛び散った物体による被害、熱や炎による被害などが発生し、放射線によって正常な細胞機能が攪乱《かくらん》されると、後年、ガンを発症することもあります。

・生物剤の大量散布

人に知られることなく散布することが可能です。また、発症するまでの潜伏期間に感染した人々が移動し、後に生物剤が散布されたと判明した場合には、既に広域的に被害が発生している可能性があります。ヒトを媒体とする生物剤による攻撃が行われた場合には、二次感染により被害が拡大することが考えられます。

・化学剤の大量散布

地形・気象などの影響を受けて、風下方向に拡散し、空気より重いサリンなどの神経剤は下を這《は》うように広がります。

②破壊の手段として交通機関を用いた攻撃等が行われる事態

事態例

・航空機などによる自爆テロ

爆発・火災などの発生により住民に被害が発生するとともに、建物やライフラインなどが被災し、社会経済活動に支障が生じます。

3　地方公共団体の防災・危機管理担当者として活躍する元自衛官

国民保護法の成立に伴い、県や市などの地方公共団体では、国民保護の細部計画を作成し、その計画に基づき実際の訓練や、本番での対処を担当する人材が必要になりました。そこで注目されたのが元自衛官です。

※3　ダーティボム：いわゆる「汚い爆弾」。放射性物質を散布することにより、放射能汚染を引き起こすことを意図した爆弾

図1-5 「防災・危機管理職として採用された退職自衛官」

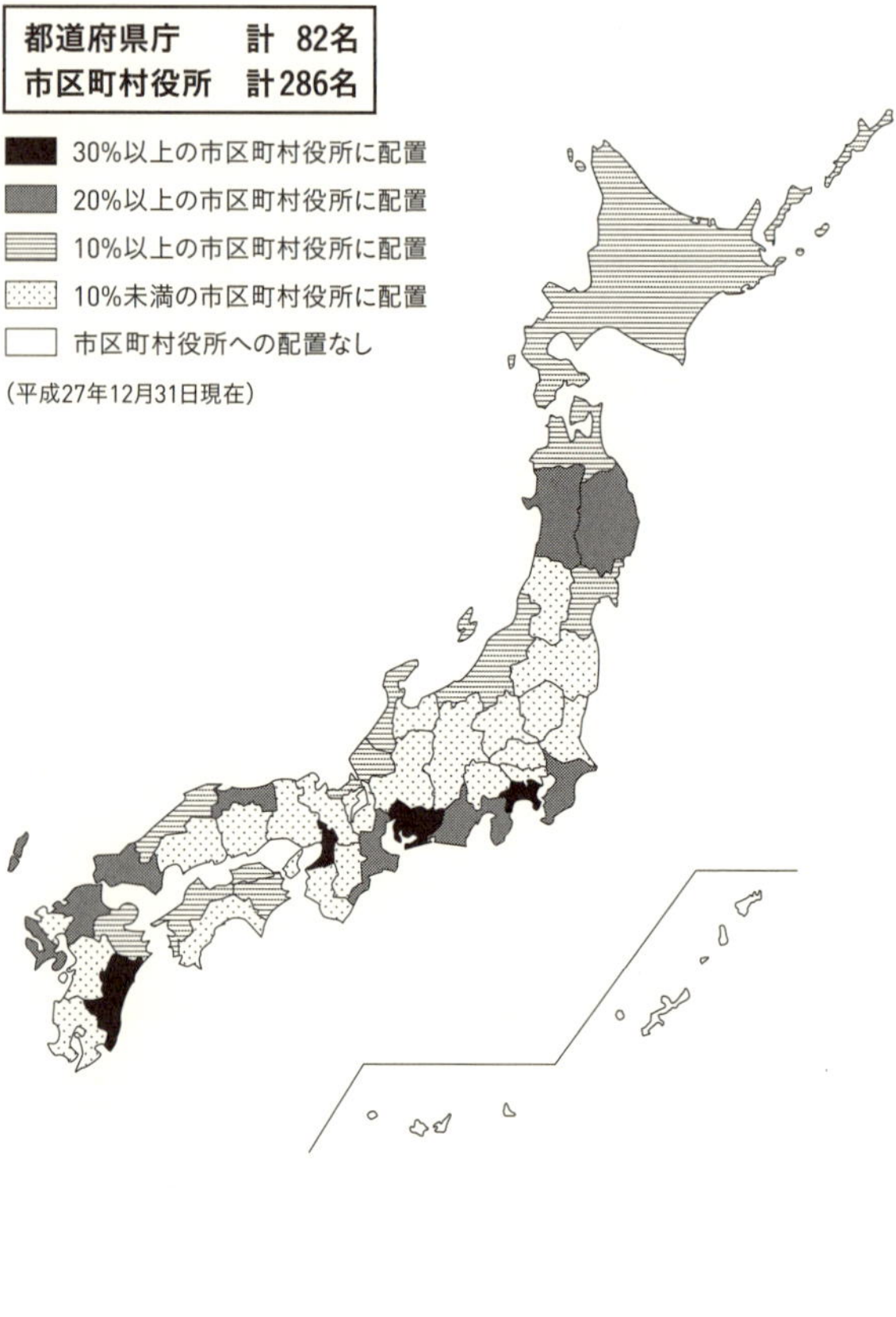

出典：陸上自衛隊ホームページを参考に筆者作成

国の防衛に携わる自衛官が、退職後、在職中に培った専門知識を活かして地方公共団体で採用され勤務することにより、自衛隊と地方公共団体とが危機管理において緊密な協力関係を構築することができます。

現在、多くの地方公共団体が危機管理に関する業務量の増大に伴い、退職自衛官を雇用しています。彼らは、防災関係業務や国民保護等のいわゆる危機管理のための計画作成、職員・市民の啓発、各種訓練の企画・検証などの分野で不可欠な存在として活躍しています。

4　防衛省・自衛隊による対処

防衛省・自衛隊が国民保護のために具体的に何をするのかを以下に紹介します。

武力攻撃事態等への対処

・防衛省・自衛隊は、我が国に対する武力攻撃の排除措置に全力を尽くし、もって我が国に対する被害を極小化することが主たる任務であり、この防衛省・自衛隊にしか実施することのできない任務の遂行に万全を期します。

・主たる任務である我が国に対する武力攻撃の排除措置に支障の生じない範囲で、国民保護等派遣を命ぜられた部隊等により、または防衛出動[※4]・治安出動を命ぜられた部隊等をもって、可能な限り国民保護措置を実施することを基本とします。

着上陸侵攻

・島嶼《とうしょ》部への小規模な侵攻が生起する場合は、武力攻撃排除のための部隊の配備等の準備と並行して、関係機関（関係都道府県・市町村、都道府県警察、消防機関、海上保安庁等）と連携しつつ、住民の島外への先行的な避難の支援（航空機や艦船による運送等）を中心に対応します。

・避難の完了前に武力攻撃が発生した場合は、攻撃を排除しつつ、残された住民の避難の支援を迅速《じんそく》に行います。

・本格的な侵略事態が生起した場合は、自衛隊の能力のほとんどを武力攻撃排除のために使用することが予想されます。そのため、即応予備自衛官や予備自衛官の活用も含め、人員や装備品を効果的に用いて、関係機関と連携しつつ、攻撃予想地域からの住民の先行避難の支援を中心に、武力攻撃排除の準備（防御施設の構築等）に支障のない範囲で対応します。

ゲリラや特殊部隊による攻撃

・ゲリラや特殊部隊による攻撃の対象は、武力攻撃発生前に予測できないことが多いため、武力攻撃発生後に、攻撃の排除及び他地域でのさらなる武力攻撃に対する警戒活動をとります。それと並行して、他地域からの所要部隊の派遣等により、関係機関と連携しつつ、被災地域の住民の避難・救援の支援や武力攻撃災害への対処を中心に迅速に対応します。

特に、離島や山間部では、機動力や自己完結性といった自衛隊の能力を有効に活用し

※4　自衛隊法第76条第1項（第1号に係わる部分に限る）の規定による防衛出動命令が発せられる場合に限る

ます。

・部隊等に防衛出動・治安出動が命ぜられた場合において、生活関連等施設の管理者や指定行政機関の長から安全確保のため支援を求められ、防衛大臣が必要と判断する場合や内閣総理大臣から当該施設の安全確保に関し必要な措置を講ずるよう指示を受けた場合には、周辺住民の先行避難の支援（車両による運送等）のほかに、警察機関と連携して当該施設の警護を実施することもあります。

弾道ミサイル攻撃

・弾道ミサイル攻撃の場合、発射された段階で攻撃目標を特定することは困難であり、発射後は短時間で着弾することが予想されます。そのため、我が国に飛来する弾道ミサイルの撃破が必要な場合、我が国の弾道ミサイル防衛システムで迅速かつ的確に対応することになりますが、日米同盟に基づく米軍の対処能力と連携した対応が可能な場合、それを追及することになります。

・弾道ミサイルの発射を察知した場合、発射情報や飛来情報を対策本部等に迅速に提供しますが、その情報は着弾が予想される地域の住民に伝達され、避難等の措置が取られます。
着弾後においては、さらなる武力攻撃への警戒活動と並行して、必要に応じ他地域から部隊の派遣を行い、関係機関と連携しつつ、被災地域の住民の救援の支援や武力攻撃災害への対処を中心に対応します。

航空攻撃

・航空攻撃は、攻撃の特性や攻撃発生前の兆候把握などから攻撃対象となる重要施設をある程度予測できます。対処のための時間的余裕があると予想される場合には、武力攻撃の排除のための部隊展開などの準備、関係機関と連携した周辺住民の先行避難の支援を中心に対応します。
・攻撃対象が予測できない場合は、武力攻撃発生後に、基本的には弾道ミサイル攻撃への対処と同様の対応をします。

ＮＢＣ（核・細菌・化学兵器）攻撃

上記四つの事態（着上陸侵攻～航空攻撃）においてＮＢＣ兵器が使用された場合は、被害が広範囲かつ大規模になるとともに、その特性に応じてＮＢＣ防護の専門部隊（化学防護隊等）による対応が必要です。

そのため、ＮＢＣ攻撃発生後、可能であればその兆候の把握段階において関係機関と密接に連携し、速やかに専門部隊等による情報収集、原因物質や汚染地域の迅速な特定、施設や被災者の除染、医療機関への負傷者の搬送を実施します。

第2章

北朝鮮——現実的脅威の正体

1　北朝鮮はなぜ日本の脅威なのか

北朝鮮は、戦後の日本にとって極めて厄介な存在であり続けています。例えば、最も危険な核ミサイルの開発（核兵器の開発、弾道ミサイルの開発）問題は、依然として日本の大きな脅威になっています。また、多くの日本人を拉致し、拉致事件と密接な関係にある北朝鮮工作員を日本に送り込み不法活動をさせていますし、化学兵器や生物兵器の開発・保有も脅威です。

北朝鮮の日本に対する言動も極めて挑発的で、「四つの列島で出来た日本は、主体《チュチェ》思想の核爆弾で海に沈めるべきだ。日本はもはや、我が国の近くに存在する必要がない」[※1]「今のように日本が我が方の拳《こぶし》の近くで不届きに振舞っているなら、ひとたび有事となった際には、米国より先に日本列島が丸ごと焦土化されかねないということを知るべきである」[※2]という脅迫は看過できません。

※1　２０１７（平成29）年９月14日　北朝鮮の朝鮮アジア太平洋平和委員会声明
※2　２０１７年６月８日　朝鮮平和擁護全国民族委員会スポークスマン声明

図2-1　「朝鮮人民軍の配置と兵力」

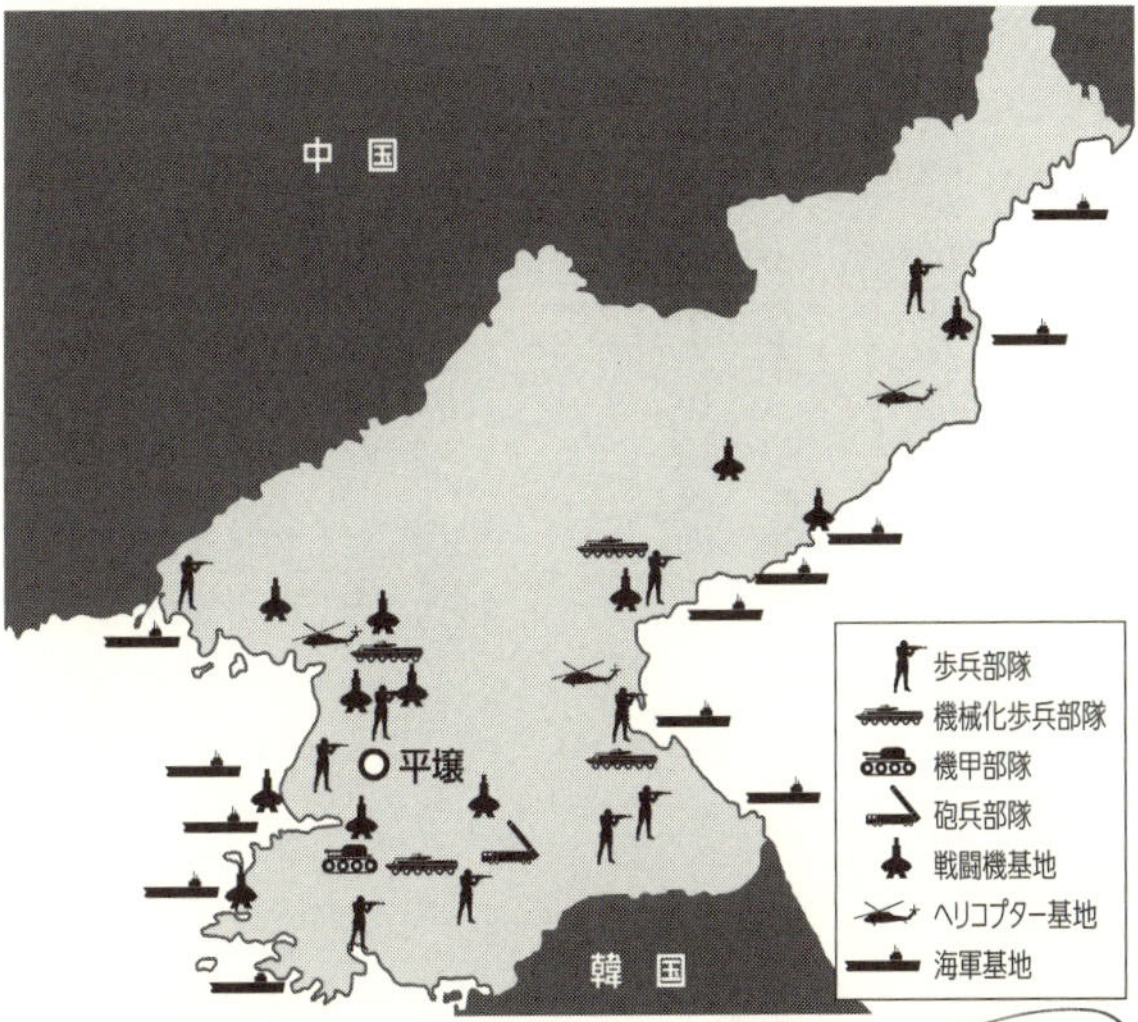

総　兵　力		約119万人
地上軍	地上軍人員	約102万人
	戦車	約3,500両
	装甲車	約2,500両
	野戦砲	約8,500門
	多連装ロケット砲	約5,100門
空　軍	作戦機	約560機
	第3/4世代戦闘機	108機
海　軍	戦闘艦艇	約780隻
	フリゲート艦	約4隻
	潜水艦	約20隻

出典：『The Military Balance 2017』を基に筆者作成

そして何よりも北朝鮮の軍事力を馬鹿にしてはいけません。図2-1をご覧ください。北朝鮮軍は数だけをみると世界有数で、人員119万人、戦車3500両、装甲車2500両、野戦砲8500門、多連装ロケット砲5100門です[※3]。そして、特殊部隊の人員20万人は世界有数の人員数ですし、厳しい訓練を受けて質も高いと言われています。もしも、特殊部隊の一部が日本に投入され、彼らがテロ活動を行うと、大きな損害を覚悟しなければいけません。警察だけではこれへの対処は難しく、自衛隊の使用は不可避です。

北朝鮮による日本人拉致事件

北朝鮮による日本人拉致事件は我が国の主権を侵害し、国民の生命・財産・安全に脅威を与える暴挙でした。この拉致事件は、1970年代から1980年代にかけて、17人の日本人が拉致されたもので、未だに解決していません。また、政府が認定する拉致被害者17人のほかにも北朝鮮から拉致された疑いが濃い特定失踪者の問題もあります。

この日本人拉致事件は、単なる拉致事件ではなく、拉致された者を利用した二次被害、三次被害を引き起こしています。例えば、拉致被害者の一人である田口八重子《たぐちやえこ》さんは、拉致されて以降、北朝鮮で工作員候補者たちに対し日本語を教えていました。教え子の一人であった金賢姫《キムヒョンヒ》は、１９８７（昭和62）年11月に発生した大韓航空機爆破事件の実行犯です。金賢姫は、偽造した日本の旅券を所持し、日本人に成りすましていました。この事件は多くの犠牲者を出しましたが、拉致された日本人が間接的にこの事件に利用されたために、日本人にも大きなショックを与えました。

日本人を拉致する目的の一つは、拉致した日本人の身分や戸籍を奪い、その日本人に成りすます「背乗《はいの》り」です。日本人に成りすました北朝鮮工作員は、日本での工作活動を行うだけではなく、韓国などにおける工作活動にも従事しています。つまり日本が北朝鮮の対韓国工作の中継基地になっているのです。成りすましの実例としては西新井事件が有名で、北朝鮮工作員のチェ・スンチョルは日本人に成りすまして、日本、韓国、欧州で工作活動をしていましたが、１９８５（昭和60）年に発覚し逮捕されました。

※3　The Military Balance 2017,IISS : the International Institute for Strategic Studies

最近では平成29（2017）年末に数多くの北朝鮮漁船が日本の領海に入り、北陸や東北の日本海側の海岸や島に漂着しました。この事実は、北朝鮮から木造船で日本に到着することは可能であり、日本人拉致事件がいつでも起こりうる状況であることを明らかにしました。この件については後ほど詳しく記述します。

土台人とは

北朝鮮の日本での工作活動を援助している人々（いわゆる土台人）について説明しますが、そのためには昭和34（1959）年から始まった在日朝鮮人の帰国事業で北朝鮮に永住帰国した在日朝鮮人9万3000人に触れざるを得ません。北朝鮮当局は、この永住帰国者を人質のように利用し、日本に残っている彼らの家族や親族に対し、「協力しなければ北朝鮮にいる身内（帰国者）が不利益を受けるぞ」と脅したのです。日本に残った者は、この脅しに屈して、北朝鮮の協力者つまり「土台人」になりました。

土台人の任務は、拉致対象者に関する情報の収集・提供、拉致対象者の選定、工作員が日本に潜入する際の援助、工作員に対する住居の提供、工作活動の援助などです。

この土台人は、朝鮮半島における紛争の影響が日本に波及した際に、北朝鮮工作員の活動を手助けする可能性があり、警戒が必要です。

朝鮮総連（在日本朝鮮人総連合会）

我が国には、金正恩《キムジョンウン》朝鮮労働党委員長への忠誠を誓う朝鮮総連が存在します。彼らは朝鮮の「主体思想」を指導的指針とし、日本の民主主義的な価値観には合致しない反日・親北朝鮮の言動を繰り返しています。

朝鮮総連中央議長をはじめとする数名の幹部は、北朝鮮の国会議員を兼務していますが、その会員数は約7万人と公表されています。

朝鮮総連は、過去において複数の構成員が土台人となって祖国防衛隊事件[※4]や文世光《ムンセグァン》事件[※5]を引き起こし、公安調査庁から破壊活動防止法に基づく調査対象団体——過去に暴力

※4　祖国防衛隊は、昭和25（1950）年に結成された在日朝鮮人による非合法地下組織で、襲撃事件や暴動などの非合法事件を引き起こした

※5　土台人となって韓国の赤化統一を狙った在日韓国人・文世光は昭和48（1973）年、朴正熙《パクチョンヒ》大統領の銃殺を企図したが失敗。大統領夫人が巻き添えになって死亡した事件

主義的破壊活動を行い、将来もその恐れのある団体――に指定されています。

当時の公安調査庁長官の緒方重威《おがたしげたけ》は衆議院予算委員会で、「朝鮮総連は北朝鮮と一体関係にあるとみています。また、非公然組織として学習組があり、約5000人が非公然活動に従事していると承知しております」と証言しています。また、「学習組は、密入国や密出国、密貿易や拉致事件などに様々な形で関わってきた」と言われています。[※6]

破壊活動防止法に基づく調査対象団体としての朝鮮総連の存在は、我が国の平和と安定にとっての不安定要因となっています。

2　武装工作船などの不審船にいかに対処するか

北朝鮮工作船の任務

日本国内には多くの北朝鮮工作員が潜入していると言われていますが、彼らは自衛隊や在日米軍の情報収集、在日朝鮮人活動家の工作員教育、日本人の拉致、資金調達などを行うとともに、在日韓国人に偽装して日本経由で韓国に入国し工作活動を行っています。

北朝鮮の工作船の任務は、日本領海に入り沿岸に接近したところで工作船内に搭載した小型舟艇に工作員を乗せ上陸させること、日本国内での任務を終えた工作員を小型舟艇により海岸で収容して北朝鮮へ帰還させること、日本の暴力団等と洋上で麻薬や覚醒剤の取引を行い、外貨を獲得することだと言われています。

通常は、日本漁船に偽装した工作母船1隻で小型舟艇を用いて工作員を上陸させたり、収容したりしていましたが、平成11（1999）年3月23日の能登半島沖不審船事件のように2隻の工作母船を使い、1隻が本国との通信と警戒の任務に当たり、1隻が工作員の上陸や収容の任務を行う事例も増えています。

不審船とは

不審船とは、一般的に工作船の疑いのある船舶、国籍不明の船舶、領海や排他的経済水域内で違法行為を行っている疑いがある船舶のことをいいます。

※6『公安検察』（緒方重威　講談社）

海上保安庁は、現在（平成30〔２０１８〕年）までに計21隻の不審船を発見し対応してきました。これらの不審船は２隻を除き、いずれも日本の巡視船からの停船命令を無視して高速で逃走し、巡視船の追跡を振切っています。逃走した不審船は、北朝鮮工作船であった可能性が高いと言われています。

例外の２隻ですが、１隻は平成２（１９９０）年10月28日に福井県美浜町《みはま》の海岸に漂着した不審船（船内から遺体２体、ゴムボート、暗号通信用の乱数表等を発見）で、他の１隻は平成13（２００１）年12月22日に鹿児島県奄美《あまみ》大島西方で発見された不審船で、追跡中の巡視船に対して自動小銃で攻撃したため、巡視船の正当防衛射撃により沈没しました。沈没した不審船の船内から遺体８体、自動小銃、軽機関銃、ロケットランチャー（ロケット発射機）、対空連装機関砲、携行型対空ミサイルなどの武器が発見されました。21隻の不審船が発見された海域は、４隻が北九州沿岸、３隻が南九州沿岸で、残り14隻は北陸と山陰沿岸に集中しています。※7

不審船への対処

不審船に対する警戒や対処は、違法行為の種類により法執行機関としての海上保安庁や水産庁などが行っています。

・密漁や違法操業等の疑いのある不審船の漁業取締りについては、漁業や水産資源の管理を主管する水産庁や都道府県の漁業取締船が行っています。また、海上保安庁も海上治安の維持という観点から、密漁や違法操業等を取締まっています。

・密航や密輸など海上における違法行為の疑いのある不審船に対しては、海上保安庁が監視及び対処を行っています。工作船の疑いのある不審船への対処も、海上における治安確保を主管する海上保安庁の任務となっています。

・工作船から上陸した工作員に対しては、陸上における治安確保を主管する警察庁や都道府県警察が対処します。

・漁民に偽装した工作員が、漁船に乗って漂着等を装って国内に潜入した場合、海上や海岸部では海上保安庁が、陸上部では警察庁や都道府県警察が対処します。

※７　海上保安庁『海上保安レポート２００３』（国立印刷局　平成15（２００３）年５月30日）

多数の武装工作員が潜入して大規模な銃撃戦等が発生し、警察の力では対処できず治安を維持できない場合は、内閣総理大臣が自衛隊に治安出動を命じ[※8]、陸上自衛隊の部隊などが対処することになります。

工作船の対処に係わる海上自衛隊と海上保安庁の任務区分

工作船の疑いのある不審船や工作船への対処は、海上保安庁の任務であり、巡視船艇は不審船に対して停船を命令し、停船させた後に立入検査を行います[※9]。工作船であることが判明した場合は、同船を指定場所へ回航し、乗組員を拘束し、積荷を押収して取調べを行います[※10]。

工作船の疑いのある不審船が、停船命令を無視して逃走を継続する場合[※11]は、「職務執行に対する抵抗の抑止」のために武器を使用――停船のための警告射撃――します[※12]。

不審船が巡視船艇を攻撃した場合は、「正当防衛、緊急避難のための武器使用」を準用し、不審船の武器使用の状況に応じて武器を使用し、巡視船艇や乗組員を防護することができます。

一方、海上自衛隊も、平素から艦艇や哨戒機《しょうかい》により、継続的に我が国周辺の海域の警戒監視を行っています。この活動は、「所掌事務（防衛・警備、自衛隊法に定める各種行動）の遂行に必要な調査及び研究」[※13]として行いますが、武装工作船と思われる不審船を発見しても対処する権限はなく、警戒監視を継続するために追尾はできても海上保安庁へ通報することしかできません。

ただし、防衛大臣は「海上における人命若しくは財産の保護又は治安の維持のため特別の必要がある場合」[※14]には、内閣総理大臣の承認を得て「自衛隊の部隊に海上において必要な行動」を命ずることができます。ここで言う「特別の必要がある場合」とは、「海上保安庁のみでは対応が困難となった場合」を指し、「海上において必要な行動」と

※８　自衛隊法第78条
※９　海上保安庁法第17条
※10　同法第18条
※11　海上保安庁法第20条
※12　警察官職務執行法第７条の準用
※13　防衛省設置法第４条（所掌事務）第18項
※14　自衛隊法第82条（海上における警備行動）

は海上保安庁が行っている権限の一部を準用できることを指します。

海賊行為の疑いがある不審船への対処は

海賊行為の疑いがある不審船に対しては、一義的には海上保安庁が対処します。ただし、平成30年現在行われているソマリア沖アデン湾における海賊対処行動については、海上保安庁では海外における対処能力に欠けることから、海上自衛隊の護衛艦と哨戒機を派遣して海賊対処行動を行っています。

平成21（2009）年3月に海上自衛隊の部隊を派遣した当初は、海上警備行動を発令して海賊対処行動の法的根拠としていたため、海賊から防護する対象となる船舶は「日本関連船舶（日本船籍の船舶、日本人乗組員の乗る船舶、日本の貨物を輸送する船舶等）」に限定され、また、海賊からの襲撃を未然に防ぐための船体射撃もできませんでした。

上記の不都合を解消するために法律※15が成立し、これを法的根拠として海上自衛隊の派遣部隊が船籍や乗員の国籍等に係わることなく船舶を防護でき、海賊行為を未然に防ぐために停船命令を無視して船舶に接近する不審船への船体射撃も可能となりました。

また、海賊行為に対処する特別な必要がある場合、例えば遠洋練習航海等で海外を行動中の護衛艦が海賊行為に遭遇した時でも、その状況を報告し、内閣総理大臣の承認を経て防衛大臣から命令が出されれば、現場において海賊対処行動を行うことができるようになっています。[※16]

領海内を潜没航行する国籍不明の潜水艦への対処は

国連海洋法条約では、潜水艦が他国の領海内を潜没したまま航行することは禁じられているもの[※17]の、海上保安庁には潜没航行する潜水艦に対する探知、識別、追尾等の能力がありません。そのことから、「我が国の領海及び内水で潜没航行する外国潜水艦への

※15　平成21（２００９）年６月に成立した「海賊行為の処罰及び海賊行為への対処に関する法律（海賊対処法）」。自衛隊法も改正され新たに同法第82条第２項（海賊対処行動）が追加された
※16　防衛大臣は内閣総理大臣に「対処要項（行動の必要性、実施海域、実施期間、部隊編成と装備等）」を提出して承認を得た後に、部隊に対して行動を命ずることとされていますが、海賊対処法第７条第２項の「但し書き」において、「現に行われている海賊行為に対処するために急を要する時は、必要となる行動の概要を内閣総理大臣に通知」して承認を得れば、部隊に対して対処を命令できるようにされています
※17　国連海洋法条約第20条

対処について」が平成８（１９９６）年12月24日に閣議決定されました。

これにより、自衛隊の部隊が我が国の領海及び内水で潜没航行する潜水艦に対して浮上・掲旗要求、退去要求を行うにあたり必要な基本方針と手順が定められ、事案発生時には内閣総理大臣の判断により、自衛隊の部隊が国籍不明潜水艦に対して迅速《じんそく》に対処できるようになりました。

実例を紹介します。平成16（２００４）年11月８日、海上自衛隊Ｐ３－Ｃ哨戒機が、石垣島周辺海域で潜没航行する国籍不明潜水艦を探知し、現場に急行した護衛艦とともに同潜水艦に対する追尾を行いました。10日午前５時40分、護衛艦が同潜水艦に対して「日本領海へ近接中である」旨の警告を開始したものの、同潜水艦は警告を無視して領海へ向かって潜没航行を継続しました。

午前５時48分、同潜水艦は潜没航行のままで石垣島領海に入域し、午前７時40分までの約２時間にわたり領海侵犯を行いました。この間、海上自衛隊の護衛艦は、同潜水艦に対して領海外への退去要求、浮上・掲旗要求等を行いました。

同潜水艦が領海外へ逃走したのち、防衛庁長官（当時）は再度の領海侵入に備え、内

閣総理大臣の承認を受け、海上自衛隊に対して海上警備行動を発令しましたが、再度の領海侵入はありませんでした。[※18]

残る課題

領海内を潜没航行する国籍不明潜水艦に対しては海上自衛隊が迅速に対処できます。また、海上自衛隊の艦艇が海賊行為に遭遇した場合についても迅速に対処できる法的態勢が整えられていますが、武装工作船や半潜水艇に対しては海上保安庁が対処を行った後、その能力を超えた場合、初めて閣議決定と内閣総理大臣の承認を経て、防衛大臣が海上自衛隊に対し海上警備行動を発令し対処することになります。

つまり、手続きに時間を要し、現状では護衛艦や哨戒機による迅速な対応が困難となる法的体制にあります。

武装工作船や半潜水艇への対処については、海上保安庁が対処を開始した段階から、

※18 『平成17年版 日本の防衛』（防衛庁　日経印刷）

写真2-1 「大和堆で違法操業する北朝鮮漁船に放水する巡視船」

出典：時事（海上保安庁提供）

情勢の推移に応じて海上自衛隊がいつでも海上保安庁から対処を引継げる、あるいは協同対処する態勢の確立が必要です。

法制面での対策

海上保安庁の巡視船については、能力向上が図られていますが、海上自衛隊の護衛艦が保有する捜索・追尾能力は巡視船のそれを大きく凌駕《りょうが》しています。

特に、対潜センサーは、護衛艦や哨戒機に装備されていて、巡視船には装備されていませんが、武装工作母船から発進する半潜水艇や舟艇等の小型目標に対する探知・識別、追尾に優れています。また、武装工作員を乗せた工作船に立入検査を行える特別警備隊、その隊員を迅速に展開できる空輸能力等は既に整っています。

それゆえ「領海内における潜没航行潜水艦に対する対処」と同様に武装工作船や半潜水艇に対する基本方針と対処手順をあらかじめ定め、事象発生時に内閣総理大臣の承認を得て防衛大臣が自衛隊の部隊が迅速に対処を命ずることができる法的態勢を確立し、同時に情勢の推移に応じて柔軟に海上保安庁と海上自衛隊を最善活用する態勢を確立しておく必要があります。

3　北朝鮮の違法漁船にいかに対処するか

北朝鮮の違法漁船とは

数年前から日本海中部で北朝鮮漁船が目撃されるようになり、平成28（2016）年秋には多数の北朝鮮漁船がスルメイカ漁の漁場である「大和堆《やまとたい》」で操業を行いました。

彼らは漁場から日本漁船を締め出し、水産庁の漁業取締船を追い回し、銃を向け威嚇《いかく》行為をしました。これを受けて政府は、平成29年から海上保安庁による取締りを行うことを決定しました。

「大和堆」は、男鹿半島西方約４００㎞の日本海中部の水深が急激に浅くなる海底地形の海域で、海流の影響を受けてプランクトンが豊富に生息するため、スルメイカなどが集まる水産資源の宝庫となっています。この海域は、国連海洋法条約に基づいた日本の排他的経済水域であるため、水産資源の管理権は日本が有しており、日本と漁業協定を締結していない北朝鮮の漁船が同海域で操業することは違法行為となります。

海上保安庁は、平成29年7月以降、延べ１９２３隻の北朝鮮違法漁船に対して退去警告を行い、警告に従わない漁船３１４隻に放水を行い、日本の排他的経済水域の外へ退去させています。

なぜ北朝鮮漁船の違法操業が増えたのか

北朝鮮にとって漁業は、国民の食糧源確保と外貨獲得のための重要な手段となっています。２０１６（平成28）年1月に行われた北朝鮮の第4回目の核実験を受け、国連安全保障理事会が北朝鮮に対する制裁強化を決議しました。追い込まれた北朝鮮は外貨を獲得するため、東部沿岸海域の漁業権を中国に約76億５０００万円で売却しました。そのため、北朝鮮の漁民は沿岸での操業ができなくなり、日本海中部まで出漁することになりました。

中国政府は、国連の制裁決議を受け、２０１７（平成29）年8月に北朝鮮産海産物の輸入を全面禁止としました。直後の同年9月には北朝鮮産の海産物は中国国内市場から姿を消していました。しかしその後、海上取引等による密輸によって、国境を接した中国吉林《きつりん》省の市場で年間約３３０億円相当の北朝鮮産海産物が売買され、北朝鮮にとって外貨獲得の重要な手段となっています。

また、北朝鮮国内の食糧不足による国民の栄養失調も深刻化しており、肉類や魚類といった動物性たんぱく質が極度に不足しています。

２０１７年11月24日の朝鮮労働党機関紙『労働新聞』では、慢性的な食糧不足のなかで特に食糧確保が困難となる冬季の漁業を奨励して「冬季漁獲戦闘」と呼び、各地での

「冬季漁獲戦闘」の成果を紹介しています。

以上を総合すると、北朝鮮当局は、中朝国境付近での密輸による外貨獲得と、慢性的な食糧不足を補うため、荒れる日本海への出漁と違法操業に北朝鮮の漁船を駆り立てているとみられます。

なぜ日本に漂着する北朝鮮漁船が増えているのか

日本海中部で操業する北朝鮮漁船は、日帰りで行われる沿岸漁業用の小型木造船（10t未満）であり、洋上で数日間操業を行う沖合漁業に使用できる船体構造（150t程度）のものではありません。平成29年11月に北海道・松前小島《まつまえこじま》に漂着した漁船乗員は、全長約15mの小型木造船で操業も含め約3ヵ月間洋上を行動したことが判明しています。また、沿岸漁業に従事していた漁民は、沖合漁業に必要な航海や気象海象に関する知識や技能を充分に備えていないと推察されます。

このような小型木造漁船と漁民が、北朝鮮から約500㎞離れた日本海中部の「大和堆」まで出漁することは大きな危険を伴います。スルメイカ漁が盛んになる秋から冬にかけての日本海は、天候が荒れやすく、波の高さは５ｍを超えることもあります。このような時季、全長10ｍの小型木造漁船では、悪天候や荒れた海面となった場合、航行すらまともにできない危険な状態になります。

日本海には北流する対馬《つしま》海流があり、秋から冬にかけては強い偏西風が吹いていることから、航行不能となった小型木造漁船は北東へ流され、日本海沿岸の本州北部や北海道の海岸に漂着することとなります。

佐渡島《さどしま》の海岸には、平成29年12月７日の１日だけで５隻もの小型木造漁船が漂着しました。地元漁民は、「この程度の船では３ｍ以上の波を乗り越えることは難しく、陸地から８㎞以上遠くへは行けない」「海岸から見える場所で操業する程度の船」「この船で波風が激しい冬場に操業するのは無理」と語っています。

平成29年における北朝鮮船籍とみられる小型木造漁船の日本沿岸への漂流・漂着隻数は、月別でみると、スルメイカ漁が始まった６月から10月までは月当たり５隻以下でしたが、天候が荒れる冬季に入ると、11月には28件、12月には40件と急増しています。同年における漂流・漂着隻数は計１０４隻にものぼり、前年と比べ58％も増加し、過去最多の隻数となっています。

軍籍を表示した漂着漁船と朝鮮人民軍の関係は

平成29年11月28日、北海道の松前小島で発見された漂着漁船には、軍籍を示す「朝鮮人民軍第854部隊」と書かれた板が掲げられており、船内から武器は発見されなかったものの、乗員は氏名や生年月日などが記入された船員手帳のようなものを所持していました。このほかに、朝鮮人民軍の部隊名が表示された小型木造漁船が多数発見されています。

朝鮮人民軍は、中国人民解放軍と同様に「独立採算制」を採っていて、農業や漁業に従事する部門があります。

2014（平成26）年1月6日、金正恩第一書記（当時）は、日本海沿岸の元山《ウォンサン》にある水産物冷凍施設を訪れ、水産物生産を増やすよう指示するとともに、「人民軍がこの事業を引き受けよ」と命令しています。※19 さらに2016年12月、金正恩委員長は、朝鮮人民軍第15水産事業所を訪れ、「朝鮮人民軍第15水産事業所がより多くの魚を獲って朝

鮮労働党の水産政策の貫徹において先鋒に立つ」との期待を表明しています。[※20]

このような金正恩の命令や朝鮮労働党の指示を受けた朝鮮人民軍は、ここ数年で多数の小型木造漁船を建造し、黄海沿岸と日本海沿岸の港に３０００隻程度の小型木造漁船を保有していると言われています。人民軍は、これらの漁船を漁民に貸し出して、漁獲した海産物の約８割を中国側に密売して年間約２億から３億ドルの外貨を獲得し、漁民には年間数千ドルの報酬を与えているため、漁民たちは朝鮮人民軍の漁船に乗りたがっていると言われています。

また、朝鮮人民軍は、漁民に燃料を与えて彼らが保有する漁船を操業させるケースもあると言われます。平成29年11月に北海道沿岸で漂流中に発見された小型木造漁船の乗員は、海上保安庁からの取調べに対し、「朝鮮人民軍が作った水産団体に所属しており、漁獲責任量を割当てられて漁をしている」と答えています。

平成29年９月以降、大和堆付近の日本海中部において違法操業を行う北朝鮮の小型木

※19　「機長船漁船相次ぐ漂流」『中央日報』２０１４（平成26）年６月24日
※20　「金正恩最高司令官が朝鮮人民軍第15水産事業所を現地指導」『朝鮮中央通信』２０１６（平成28）年12月15日

造漁船に混じり、全長約30ｍの１００ｔ級の鋼製漁船が新たに姿を現しています。この型の漁船は沖合漁業も可能な航法能力や通信能力を備えていると推定され、おそらく同船に人民軍の軍人もしくは人民軍傘下の水産事業所の幹部等が乗船し、多数の小型木造漁船から成る漁船団の漁場往復の航海支援や統制を行っているとみられます。

北朝鮮の違法漁船にいかに対処するのか

先にも触れましたが、日本の排他的経済水域で違法操業を行う漁船については、一般的には水産庁や地方自治体の漁業取締船が対処します。しかしながら、「大和堆」付近で違法操業する多数の北朝鮮漁船に対しては漁業取締船の対処能力を超えたことから、全国イカ釣り漁業協会からの要請を受け、政府は平成29年から海上保安庁に対応させることを決定しました。

海上保安庁は、巡視船艇や航空機をもって違法操業する漁船を日本の排他的経済水域から退去させるための警告や措置を行っています。

北朝鮮漁船が相次いで日本沿岸部で漂流・漂着する事態を受け、平成29年11月下旬には、坂口正芳《さかぐちまさよし》警察庁長官が全国警察本部長会議で「北朝鮮をめぐる緊急事態に備えるよう」指示を出しました。さらに同年12月、石井啓一《いしいけいいち》国土交通大臣が記者会見で「海上保安庁の航空機によって日本海沿岸部の警戒態勢を強めた」ことを発表しています。

この措置には、遭難者の救助と不法入国の防止といった二つの側面があります。洋上で遭難した北朝鮮漁船に対しては、生存者に対する海難救助の措置が行われます。平成29年11月15日に男鹿半島西方約４００㎞で発見された転覆漁船の乗員三人は、巡視船により救助され、付近の北朝鮮漁船に引渡されました。

一方、漂着した漁船の乗員については、平成29年11月に松前小島に上陸した乗員のように犯罪容疑があれば警察に逮捕され、起訴されれば裁判の後、入国管理局に身柄を移され、北朝鮮へ強制送還されます。

逮捕されたものの不起訴となった乗員あるいは犯罪容疑のない乗員は、入国管理局へ身柄を移され、不法入国者として強制送還されることとなります。

このように違法操業する漁船や漂流・漂着した漁船に対する対処は、法執行機関である海上保安庁や警察が行います。

漂着漁船に漁民を装った工作員はいないのか

日本に漂着した漁船の大部分は、北朝鮮北部の日本海沿岸にある清津《チョンジン》港を出港し、日本海中部の漁場で操業をしています。この清津港は、朝鮮人民軍偵察総局の工作母船の母港ともなっています。日本に漂着した漁船に、漁民を装った偵察総局の工作員が乗っている可能性について考えてみましょう。

韓国で身柄を拘束された元北朝鮮工作員によると、「朝鮮人民軍偵察総局に所属する工作員は、高級中学校を卒業した17歳以上の若者から選抜され、その候補者は金日成政治軍事大学で思想教育、語学教育、遠泳を含む射撃や格闘術等の、武装工作員として必要な軍事訓練を受け※21」、それらの候補者の中から、厳しい教育と訓練に耐え抜いた者が工作員として任務に就いているようです。

このように厳選され特殊な技能を身に付けた工作員は、大量に養成することは困難であり、彼らは北朝鮮にとって貴重な「戦力」として扱われていることが想像されます。

このような工作員が、漂着漁船に乗って漁民を装って日本への潜入を企図した場合の潜入成功率について試算してみましょう。平成29年における漂着漁船は計104隻、その中で生存者の数は計42人です。乗員総員が生存して松前小島に漂着した平成29年11月の例から、１隻の小型木造漁船の乗員数を10人と仮定すると、漂着した１０４隻の漁船に乗っていた乗員の総数は１０４０人。そのうち生存して日本に上陸できた42人から算出すると、潜入成功率はわずか４％となります。また、工作員が漁民を装って潜入に成功した場合でも、警察から取調べを受けるため、武器等は押収され、工作員と判断されなくても身柄は入国管理局へ移されて強制送還されてしまいます。

以上のことから、漂着漁船の漁民を装っての工作員の潜入は成功する可能性は極めて低く、失敗により失われる工作員の人数は受容できるものではないと想像されます。ゆえに北朝鮮にとって貴重な工作員を潜入させる手段としては不適と判断されるものと考えます。

朝鮮人民軍偵察総局出身の脱北者の証言によると、朝鮮人民軍は昭和30年代後半から昭和60年代にかけて日本海沿岸の調査を行い、港湾の精密地図や水深図等の情報を保持

※21　竹内明「北朝鮮元工作員Ｘ氏が暴露　工作員の武器と資質」（ＴＢＳ『ＮＥＷＳの深層』平成29〔２０１７〕年４月25日）

していることです。

このような情報を基に、「漂流・漂着」といった潮流や風まかせの手段でなく、工作母船と半潜水艇等を使って所要の時機に、所要の場所へ貴重な「戦力」である工作員を潜入させる方法を採っていると考えるのが適当であると思います。

一方、平成29年7月7日午後5時頃、「大和堆」付近で漁業監視にあたっていた水産庁の漁業取締船は、北朝鮮の小型漁船から約10分間にわたり追跡され、北朝鮮漁船乗員が小銃の銃口を向け威嚇してきました。このことから、朝鮮人民軍は漁民に漁船を貸出すのみならず、兵士が武器を持って漁船に乗船していることが分かります。

このような武装した人民軍兵士が乗船した小型漁船が故障等を起こし、漂流して日本へ漂着した場合、警察官による取調べや武装解除に抵抗して銃撃戦等が発生する可能性は否定できません。

朝鮮半島有事の際に大量の避難民が日本へ

日本海側の海岸へ次々と漂着する北朝鮮漁船は、どのような安全保障上の課題を日本へ問い掛けているのでしょうか。

これらの事例は、「大型船舶や中型漁船のみならず、全長10ｍ、総トン数10ｔ未満の小型木造漁船でも、北朝鮮東岸から日本海を渡って日本の海岸へたどり着くことができる」ことを証明しています。

朝鮮半島で戦争が発生した場合、数万人にものぼる大量の避難民が日本海を渡って日本に流入する恐れがあります。その数は、戦争勃発後の１週間で韓国人25万人、北朝鮮人５万人の計30万人、戦争終結までに最悪の場合で２６０万人を超える避難民が日本へ流入するという試算も報道されています。※22

また、北朝鮮は、家系を３代まで遡《さかのぼ》って国民を三つに区分しています。すなわち、忠誠を尽くすとみなされた特権階級である「核心階層」、忠誠を覆す可能性があり監視の対象とされた「動揺階層」、反抗する可能性が高く特別監視の対象とされた「敵対階層」です。全人口に対して「核心階層」は28％、「動揺階層」は45％、「敵対階層」は27

※22　「北朝鮮、日本本土へ核ミサイル攻撃の可能性」『ビジネスジャーナル』平成29年４月17日

%を占めていると言われます。[※23]

北朝鮮国内で政治的な混乱が発生した場合、現政権に反抗する可能性が高いとみなされている「敵対階層」約680万人、さらに忠誠を覆す可能性があるとされた「動揺階層」約1130万人の一部が政権側から迫害を受け難民となり、そのさらに一部が日本海を渡って日本へ流入することも考えられます。

避難民にいかに対処するか

戦争による「避難民」や北朝鮮政府の迫害を逃れるための「難民」に対する措置を、漂着した北朝鮮漁船の乗員に対する措置と比較してみることとします。

・遭難した北朝鮮漁船の乗員への対処

遭難した北朝鮮漁船の乗員については、海上保安庁または警察から入国管理局に身柄を移送され、救護のための人道的な措置を行った後、本国へ強制送還されます。また、漂着した北朝鮮漁船の乗員が日本に上陸後に発見された場合は、不法入国者として身柄を海上保安庁や警察から入国管理局に移送され、強制収容の後、本国へ強制送還されます。

・北朝鮮政府の迫害を逃れるため日本に上陸した「難民」への対処

北朝鮮政府の迫害を逃れるため日本に上陸した「難民」については、「難民の地位に関する条約」に定義された「難民」に該当し、入国管理局は仮上陸を認めたうえで６ヵ月以下の期間内での一時庇護上陸[※24]を許可し、この間に韓国政府などと受入れ交渉を行って身柄を移送しています。また、「難民」が一時庇護上陸の許可期間内に難民認定申請を行えば在留資格が得られ、難民認定申請後６ヵ月が経過した時点で就労も認められることとなります（平成20〔２００８〕年末時点で約１８０人の脱北者が日本で生活していると言われます。この人たちは北朝鮮に帰国した在日朝鮮人やその日本人妻、その縁故者です[※25]）。

※23　国連人権理事会第25回会期『朝鮮民主主義人民共和国における人権に関する国連調査委員会の報告書』２０１４年２月７日
※24　船舶や航空機の乗員・乗客に対し、一定の条件を満たす場合に限り査証等を求めることなく、簡易な手続きにより一時的に上陸を認めること
※25　石丸次郎「日本で暮らし始めた北朝鮮難民」『イミダス』（集英社　平成21〔２００９〕年４月３日）

・戦争による「避難民」への対処

戦争による「避難民」については、「難民の地位に関する条約」に定義された「難民」には該当しないため、不法入国者として身柄を強制収容することが可能ですが、人道的見地において国際社会から批判を受ける可能性があります。

治安の維持や安全保障の観点と人道的な観点の両面を考慮すると、戦争による「避難民」に対しては、暫定的な措置として住居や行動範囲を指定して一定期間の「仮上陸」を許可し、その期間内に避難民の身元調査や第三国と避難民の受入れ交渉を行っていくことが考えられます。

日本政府は平成29年4月、朝鮮半島有事が発生した場合の大量避難民の日本への流入に備え、日本海側の数ヵ所に受入れ拠点となる港を選定して臨時収容施設を設置し、そこで避難民の身元や所持品の調査を行い、工作員等の入国を防止する検討に入ったと報道されています。

しかし、北朝鮮政府の迫害を逃れる「難民」や戦争による「避難民」が、すべて大中型船舶や航洋能力のある漁船で日本が指定した受入れ港へ向かってくるとは限りません。

生命の危機に瀕した「難民」や「避難民」が、朝鮮半島東部の港に放置された多数の小型木造漁船に乗って日本を目指して出港してくることも予想されます。その場合、日本政府が指定した受入れ港以外の最寄りの港に入港し、あるいは航行の途上で遭難して日本の海岸に漂着する場合も多々あると思います。

このような事態に備えるためには、入国管理や難民認定を所管する法務省の入国管理局のみならず、海上における治安を所管する海上保安庁、陸上における治安を所管する警察、それら法執行機関の能力を超えた場合に対応すべき海上自衛隊や陸上自衛隊を所管する防衛省、さらに医療や衣食住などの支援にあたる医療機関や地方自治体を所管する厚生労働省や自治省等も含めた国家ぐるみの態勢確立が必要です。

4　北朝鮮関連のテロ活動にいかに対処するか

緊急対処事態への対処

北朝鮮関連（工作員、武装難民、特殊作戦群など）のテロ活動については、緊急対処事態として規定された以下のような事態があります。これらの事態に対しては、主として警察が対処することになりますが、警察の能力を超える場合には自衛隊が出動することになります。

・危険性を内在する物資を有する施設等に対する攻撃が行われる事態

原子力事業所や石油コンビナートなどへの攻撃

・多数の人が集合する施設及び大量輸送機関等に対する攻撃が行われる事態

野球場やターミナル駅などへの攻撃

・多数の人を殺傷する特性を有する物質等による攻撃が行われる事態

ダーティボム、化学剤・生物剤などによる攻撃

・破壊の手段として交通機関を用いた攻撃等が行われる事態

航空機などに対する自爆テロなど

NBCテロ

NBC兵器が使用された場合は、被害が広範囲かつ大規模になるとともに、その特性

に応じてＮＢＣ防護の専門部隊（特殊武器防護隊や化学防護隊）による対応が必要です。

そのため、ＮＢＣ攻撃発生後、可能であれば攻撃の兆候の把握段階において関係機関と密接に連携し、速やかに専門部隊等による情報収集、原因物質や汚染地域の迅速な特定、施設や被災者の除染、医療機関への負傷者の搬送を実施します。

なお、２０１８年5月16日付の『朝鮮日報』によると、韓国軍は北朝鮮がおよそ２５００～５０００ｔの生物化学兵器を備蓄・配備中と推定しています。

また、韓国の国家情報院は、金大中《キムデジュン》政権当時「北朝鮮は２５００～４０００ｔの生物化学兵器を保有しているものと推定される」と国会に報告しています。

米国の「ランド研究所」は２０１７年、「ソウルに10kgの炭疽《たんそ》菌を散布した場合は90万人が、１ｔのサリンをまけば23万人が死亡する」との予測結果を公表しています。これが事実ならば、生物・化学兵器は大きな脅威です。そのため、現在進行中の北朝鮮の非核化に向けた交渉において、生物化学兵器も必ずそこに含めなければいけません。

5　北朝鮮の核ミサイル開発に伴う第二次朝鮮戦争の危機

第二次朝鮮戦争が起こればどうなるか

北朝鮮の総兵力119万人のうち陸軍が102万人、韓国の63万人のうち陸軍は約50万人を占めていることでも明らかなように、両軍は陸上戦に重点を置いています。陸上戦において最も有効な兵器は戦車であり、北朝鮮は約3500両を有し、対する韓国は約2400両で、数の上では北朝鮮のほうが優勢です。また、北朝鮮は、核兵器と弾道ミサイルのみならず、膨大な量の化学兵器を保有しています。

北朝鮮軍に対し、米軍の強みはけた外れの海軍力と空軍力を中心とした現代戦に勝利する総合力です。もしも戦争が起こった場合、最終的には北朝鮮に勝ち目はありません。

朝鮮戦争が1950（昭和25）年に勃発し、1953（昭和28）年に休戦するまでに数百万人が犠牲になり、韓国の首都ソウルは4度北朝鮮軍に占領されたと言います。もしも、第二次朝鮮戦争が勃発すれば、その戦いは米軍にとっても韓国軍にとっても厳しいものになると覚悟すべきです。

特に、戦争開始直後において、韓国は大きな被害を覚悟しなければいけません。ソウルは、軍事境界線から約55㎞しか離れていません。もし北朝鮮軍が軍事境界線を突破してソウルに侵攻すれば、米韓両軍は当初の間、地上戦で苦戦を強いられる可能性があります。北朝鮮の砲兵部隊やロケット砲、ミサイルを無力化するのに「数日」はかかります。その間に、多くの市民が死傷していくと見積もられます。

その数日間で、膨大な数の犠牲者と避難民が生まれ、韓国に住む10万人の米国人非戦闘員を含む多くの避難民が、国外脱出のため米軍を頼って米軍基地に押し寄せるでしょう。

米議会調査局が２０１７年10月下旬に発表した報告書では、核兵器を使用しない場合でも、戦争初日における韓国側の死者数は数万人、最初の数日で最大30万人が死亡すると推定しています。北朝鮮が核兵器や化学兵器を使えば、被害は膨大なものになるでしょう。

もしも北朝鮮が核ミサイル攻撃を実施したら、東京とソウルの合計死亡者数は２１０万人だと計算されています。

米国が北朝鮮に武力行使すれば、それがどれほど限定的な攻撃でも、全面戦争に発展することを覚悟しなければいけません。なぜならば、北朝鮮の核兵器や関連施設を完全に破壊するためには地上侵攻しかなく、地上侵攻のためには膨大な陸上戦力が必要だからです。

この戦争では、本格的な戦闘が始まるまでに十分な戦力を動員するのは非常に難しく、米軍の増援や必要な物資が朝鮮半島に到着するまでに数ヵ月はかかります。

北朝鮮の核ミサイルは本当に完成しているのか

北朝鮮の核ミサイルは本当に完成されていて兵器として使うことのできる状態になっているのでしょうか？　それに対する答えはノーです。多くの人が、北朝鮮の核ミサイルは米国に届くとか、レッドラインを越えたと言っていますが、これらはすべて誤りです。技術が確立しておらず、完成していないので兵器として使えません。従って、米国にとって現時点における北朝鮮の核ミサイルは脅威ではないのです。

・米統合参謀本部副議長のポール・セルバ空軍大将の証言

セルバ空軍大将は２０１８年1月30日、「北朝鮮は大陸間弾道ミサイル（ＩＣＢＭ：Intercontinental Ballistic Missile）に核弾頭を搭載して米本土を攻撃する能力を依然として確保していない」「弾頭の起爆や大気圏再突入等の技術を確立させたと実証していない」と語っています。セルバ大将は「北朝鮮がこれらの技術を確立している可能性もあるし、そのように想定すべきだ」としつつも「再突入実験は地下では行えない」と述べ、北朝鮮が実用技術の確立に向けてさらなる本格的なＩＣＢＭ実験を行う必要があることを示唆しました。

・マイク・ポンペイオ米中央情報局（ＣＩＡ：Central Intelligence Agency）長官（当時）の証言

ポンペイオ長官は２０１８年1月23日、金正恩体制による核・弾道ミサイル開発の目的について、米国に対する抑止力確保や体制維持に留まらず、「自らの主導による朝鮮半島の再統一という究極の目標に向けて、核兵器を活用しようとしている」と発言しました。

ポンペイオ氏は、もし北朝鮮が米本土に到達可能なＩＣＢＭの開発に成功したとすれば、「次なる必然的な段階」は、北朝鮮がＩＣＢＭを量産して「複数発を米本土に同時に発射できる能力を確保することだ」と指摘しました。

また、北朝鮮によるミサイル開発の進展状況について、「ほんの数ヵ月先」に米本土を攻撃可能になるとの認識を示しました。そのうえで「私たちは、今から1年後も『北朝鮮が米本土攻撃能力を確保するのは数ヵ月先だ』と言うことができるように取り組むことだ」と述べ、外交や制裁圧力等を通じて北朝鮮にさらなる核実験やミサイル発射に踏み切らせないようにする方針を示唆しました。

・米CNNテレビの報道

ＣＮＮは２０１７年12月２日、米当局者の話として、北朝鮮が11月29日に発射した新型のＩＣＢＭ「火星15」が、大気圏への再突入時に崩壊した可能性が高いと報じました。当局者は再突入技術に問題があったとみていて、ミサイルの誘導技術と合わせて北朝鮮がＩＣＢＭの実用化に問題を抱えているとの見方を示しました。

米軍関係者はこのミサイルを「ＫＮ22」と呼んでいて、新型ミサイルと位置づけました。爆発しない模擬弾頭を搭載した2段式ミサイルで、1段目は従来よりも大きく、搭

図2-2　「北朝鮮が保有・開発する弾道ミサイル」

ミサイル種別	射　程	燃料	発射方式
KN-02「毒蛇(トクサ)」	約120km	固体	移動式車両
SCUD-B/C/ER/改良型	約300km/500km/1,500km	液体	移動式車両
No Dong/改良型	約300km/500km/1,500km	液体	移動式車両
Musudan	約2,500～4,000km	液体	移動式車両
SLBM	1,000km以上	固体	「鯨(コレ)」級潜水艦
SLBM改良型	1,000km以上	固体	移動式車両
IRBM級の新型	最大で約5,000km	液体	移動式車両
ICBM級の新型	5,500km以上	液体	移動式車両
Taepo Dong-2 派生型	約5,500km以上	液体	固定発射場
KN-08(火星13)/KN-14	5,500km以上	液体	移動式車両

出典：平成29年版『防衛白書』

載できる弾頭規模や飛距離が向上したとみられます。

実戦配備には時間がかかると予測されますが、今後の発射実験では改良が加えられる可能性はあると判断します。

我が国の弾道ミサイル防衛

北朝鮮などの弾道ミサイルに対する我が国の弾道ミサイル防衛は、多層防衛をその特徴としています。つまり、海上自衛隊のイージス艦による上層での迎撃と航空自衛隊のペトリオットＰＡＣ－３による下層での迎撃を組み合わせた多層防衛です。

なお、将来的にはイージス艦を８隻に増勢

図2-3　「我が国の弾道ミサイル防衛運用構想」

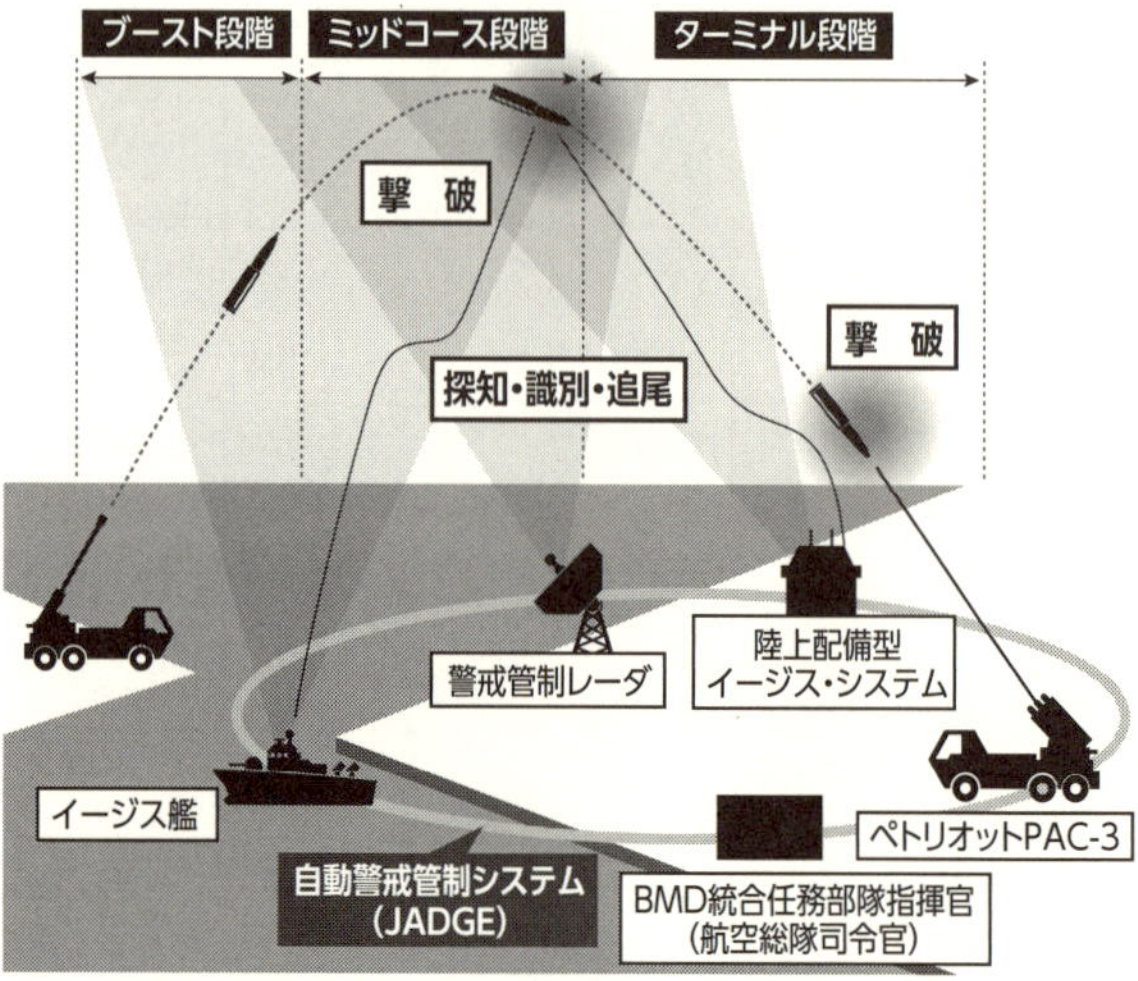

出典：平成29年版『防衛白書』を参考に筆者作成

し、2021年度頃の態勢では、日本全国をイージス艦2隻で継続的な防護が可能となります。

さらに、我が国を常時・持続的に防護できる能力を抜本的に向上させるため、平成29年12月19日、国家安全保障会議（NSC）及び閣議により、陸上配備型イージス・システム（イージス・アショア）2基の導入等を決定しました。イージス・アショアが将来的に陸上自衛隊に導入されると、この多層防衛体制がさらに強化されることになります。このイージス・アショアは、２基の配備だけで日本全体をカバーすることができると言われている優れた迎撃システムです。このイージス・アショアの導入により、海上自衛隊イージス艦の非常に厳しい運用態勢が緩和される可能性が出てきます。

北朝鮮のサイバー戦能力

●北朝鮮のサイバー戦能力は高い

北朝鮮にとってサイバー空間は、大国とも対等に戦うことができる空間であり、資金が乏しくてもサイバー大国になれる最適の作戦分野であり、その能力を馬鹿にすることはできません。

北朝鮮はサイバー戦における優秀な人材の重要性を認識し、小学生の頃から才能のある者を英才教育して優秀なサイバー戦士に育成していますし、現下６８００名のサイバー戦士を保有し、多様なサイバー活動を行っています。[※26]

※26　２０１６韓国国防報告

北朝鮮のサイバー攻撃グループは、サイバースパイ活動により世界の企業や軍関係組織から機密情報を窃取《せっしゅ》し、サイバーテロ活動などを実施してきましたが、最近では特に外貨獲得のためのサイバー活動を活発化させています。そのため、日本の銀行や仮想通貨取引所などもターゲットになっていると予想されます。

●偵察総局121局

偵察総局121局は、北朝鮮軍のサイバー戦を担当する局として1998（平成10）年に編成され、韓国、日本、米国をターゲットにしています。※27 121局が関与したと思われるサイバー戦の有名な事例としては、2013（平成25）年3月に発生した韓国に対する大規模攻撃で、5万台のコンピューターが使用不能となり、ATMなど銀行のシステムも停止しました。

また、2014年11月には、金正恩暗殺を描いた映画を作成したソニー・ピクチャーズ・エンタテインメントに対するハッキングが行われ、電子メール、従業員の個人情報、未公開映画のコピーなどが窃取されました。

さらに、2016年9月には韓国軍の国防データ・センターに対するサイバースパイ活動により、朝鮮半島有事を想定した米韓連合軍の作戦計画など２３５ギガバイトにのぼる大量の極秘情報が窃取される事案も起こっています。この作戦計画の中には金正恩委員長の暗殺計画も含まれ、計画の大幅な修正が必要になるなど前代未聞の事態になっています。

北朝鮮は、韓国のみならず、日本もターゲットにしますが、特に日本の重要インフラに対するサイバーテロには十分な警戒が必要です。重要なものとしては、金融、情報通信、航空・鉄道、電力、ガス、医療、物流、水道などのインフラの防護が喫緊の課題となります。

6　米朝首脳会談で北朝鮮の核ミサイル問題はどうなるか

金正恩委員長はなぜ対話姿勢に転じたのか

金正恩委員長は、平昌《ピョンチャン》オリンピックを契機として南北首脳会談や米朝会談を呼びかけ、

※27　Department of Defense, MILITARY AND SECURITY DEVELOPMENTS INVOLVING THE DEMOCRATIC PEOPLE'S REPUBLIC OF KOREA 2013

核ミサイル問題の話し合いに応じるようになってきましたが、なぜでしょうか。大きな理由は二つあると思います。

一つは、金委員長が自分に向けられた強大な米軍による攻撃（斬首作戦など）を恐れたからです。二つ目は、国連の経済制裁が大きな効果を発揮し、このまま経済制裁が継続すると北朝鮮の体制を維持することが困難になるからです。

国連で経済制裁が決議された際には、多くの専門家がその効果に疑問を持っていましたが、この制裁は北朝鮮にとって非常に厳しい影響を与えたことが明らかになっています。核実験を中断し、また、弾道ミサイル実験を中断しているのは資金不足も大きな要因です。

北朝鮮の核ミサイルはまだ完成していないために、ミサイル発射実験の継続は不可欠なはずですが、それができないのは資金不足が大きいのでしょう。

米朝首脳会談以降の米朝交渉を予測する

ドナルド・トランプ米大統領と金正恩委員長は、２０１８年6月12日、歴史上初めての米朝首脳会談を実施し、対話ムードを高めましたが、過去25年以上にわたって北朝鮮に騙《だま》され続けてきたのと同じ道を歩んでいるのではないかと、私は危惧《きぐ》しています。
以下、米朝首脳会談後の米朝交渉を予想してみました。

●具体性に欠ける合意文書の内容

トランプ米大統領と金正恩委員長は、６月12日の午後、『米朝首脳会談』の成果をまとめた合意文書に署名しました。

合意文書の骨子は以下の通りですが、当初期待されていた「完全かつ検証可能で不可逆的な（核）解体（ＣＶＩＤ：Complete Verifiable, and Irreversible Dismantlement）」の具体的なロードマップは合意できなかったことが明らかになりました。

①トランプ大統領は、北朝鮮に対する「安全の保障」を与えることを約束した。
②金正恩委員長は、「朝鮮半島の完全な非核化」を確約した。
③米国と北朝鮮の国民による平和と繁栄への願いに従い、両国は新たな関係の構築に責任を持って取り組む。

④米国と北朝鮮は朝鮮半島に永続的かつ安定した平和体制を構築するために力を合わせる。
⑤2018年4月27日の「板門店宣言」を再確認し、北朝鮮は朝鮮半島の完全な非核化に向けて努力することを確約する。
⑥米国と北朝鮮は戦争捕虜と行方不明米兵の遺骨収集に責任を持って取り組む。
⑦今後、ポンペイオ国務長官等で首脳会談の合意事項の具体化のために会談を継続する。

以上の合意内容で明らかなように、首脳会談の焦点であった「完全で検証可能で不可逆的な非核化（CVID）」の言葉さえありません。「北朝鮮の非核化」ではなく「朝鮮半島の非核化」という表現ですし、非核化への具体的なロードマップはまったくありません。

結論として、今回の首脳会談は米国の譲歩が多く、北朝鮮は安全を保証され、米国の先制攻撃の可能性もなくなり、経済制裁が緩和される展望も開け、米韓合同演習中止の可能性にも期待できる、北朝鮮にとっての外交的勝利になりました。

●トランプ大統領は「北朝鮮の非核化」を「米朝の核軍縮交渉」にしてしまった

トランプ大統領は、首脳会談後の記者会見で「米韓軍事演習の中止の意向」と「在韓米軍撤退」を示唆し、米韓軍事演習を「非常に挑発的」で「多額の費用がかかる」ので「米韓軍事演習を中止する意向」を示しました。

しかし、軍事的圧力なくして、北朝鮮の核ミサイルの破棄は考えられません。その根本的な手段をこの時点で放棄すると宣言したことは不適切です。特に、米韓軍事演習が「非常に挑発的」という表現は北朝鮮が使ってきた表現であり、「それを米国大統領が使うとは」と、多くの関係者が驚きました。

韓国政府でさえ驚き、トランプが米韓軍事演習を「挑発的」と表現したことについて、韓国のある高官は「米国の大統領が使う言葉としては考えられず、衝撃を受けた」と話しています。なお、今年（２０１８年）８月に予定されていた韓米乙支《ウルチ》フリーダム・ガーディアン演習（ＵＦＧ）の中止は決定しました。

また将来的に、「ある時点で」在韓米軍を撤退させる意向も示しましたが、この時点で発言してはいけないことです。在韓米軍撤退は、北朝鮮の核ミサイル兵器などすべての脅威が取り除かれた時に初めて言うべきことです。

今後予想される北朝鮮の騙しに注意

それでは、米朝首脳会談以降の展開はどうなるでしょうか。

北朝鮮は朝鮮半島の非核化を約束しながらも、自らの核兵器、弾道ミサイル、生物・化学兵器を放棄することはないという予測が有力です。金委員長にとっては、せっかく核保有国になったと思っていますから、その核兵器や弾道ミサイルを放棄しないと考えるのが自然です。

今後、「非核化に向けた具体的な行動」の解釈をめぐって間違いなく対立が顕在化するでしょう。金委員長にはトランプ大統領にはない利点があります。それは時間です。トランプ氏は２０２０年の大統領選挙で仮に勝利するとしても、あと６年しかありませんが、金委員長はあと20年以上は北朝鮮のトップとして君臨することでしょう。

金委員長にとっては、トランプ氏との核廃棄の合意を、「段階的な非核化」として、トランプ氏が米国大統領でなくなるまで引き延ばせばよいのです。一部核施設の凍結程度の見せかけの「非核化措置」と引き換えに制裁緩和や経済援助を求めてくるでしょう。日本のあるべき対応としては、ＣＶＩＤを北朝鮮に要求し続けることに尽きると思います。北朝鮮が主張する「北朝鮮の非核化ではなく朝鮮半島の非核化」と「段階的な非核化」は、過去25年間の北朝鮮の常とう手段であり、米国等が騙されてきた主張です。

北朝鮮は、段階的に核を廃棄すると言いながら実際には廃棄しません。長い交渉の過程で逐次に核廃棄の代償――国連制裁の解除、経済支援など――を獲得する作戦です。

それでは、北朝鮮がＣＶＩＤを拒否したらどうすべきでしょうか。我々は今まで非常に効果的であった国連制裁を継続し、制裁破りを行う可能性のある中国・韓国・ロシア等を監視すべきです。

国連制裁が今後も継続すると北朝鮮経済はさらに厳しくなり、核ミサイル開発の余裕さえなくなることが期待できます。

いずれにしても、北朝鮮の核ミサイル問題は、日本の危機管理にとって非常に重要な問題ですが、今後とも長く尾を引く問題です。大切なことは、過去25年以上北朝鮮に騙されてきた過ちを繰り返さないことです。

日本にとって最悪のシナリオは、北朝鮮の核兵器、弾道ミサイル、化学兵器、生物兵器が残ったままになり、拉致問題も解決しないことです。最悪の事態にならないように、我が国は全力ですべての手段を駆使すべきです。

第3章

韓国──揺れ動く不可解な〝隣人〟

1　韓国にとって北朝鮮は敵か味方か

朝鮮戦争を経験した韓国と北朝鮮は長い間、敵同士でしたが、韓国の金大中《キムデジュン》、盧武鉉《ノムヒョン》、文在寅《ムンジェイン》大統領は明らかに親北朝鮮の大統領で南北融和を主張し、南北統一を目指していました。

特に金大中は、北朝鮮に対して太陽政策をとり続けていました。太陽政策は、イソップ寓話の「北風と太陽」を念頭にした政策で、北朝鮮への攻撃や批判を慎み、対話と民間の経済協力を積極的に推進することで、平和裏に南北統一を目指す政策でした。

文在寅大統領もまた親北朝鮮の姿勢が明確で、北朝鮮の核ミサイル問題を南北融和の精神を持って話し合いで解決しようとしています。結局、文在寅大統領にとって北朝鮮は同じ民族という仲間・味方なのです。その甘い韓国の認識を北朝鮮は利用するのです。

北と南が統一されると統一朝鮮が誕生するのですが、その統一朝鮮は日本にとって非常に厳しい国家になると思います。

韓国内における親北朝鮮と反北朝鮮の対立

金正恩《キムジョンウン》委員長にとって、文在寅政権ほど手玉に取りやすい政府はないでしょう。金正恩は、文在寅大統領を篭絡《ろうらく》しておけば、米国が北朝鮮に対して先制攻撃を実施するのは難しいことを知っています。

文在寅政権が「韓国の同意なしでは北朝鮮へのいかなる武力行使も認められない」とする断固とした立場を表明したことで、米国の手足が縛られています。北朝鮮は韓国を突破口として、国連の対北朝鮮制裁を骨抜きにしようとしています。

韓国の現政権は左翼の思想に染まった親北勢力で、北朝鮮との「対話・平和・民族同士」を主張していますが、国民は親北朝鮮と反北朝鮮に分かれ、激しく対立しています。韓国は、北朝鮮問題をめぐり、国内で抗争を繰り広げているのです。内部でこれだけ争い、対立している国に統一した戦線などあり得ません。

実体が伴わない「朝鮮民族」という民族意識があたかもファッションのように広まっており、北朝鮮の独裁、北朝鮮住民の人権抑圧と不幸には無関心な雰囲気が出来上がっています。建て前、綺麗《きれい》ごと、偽善、嘘《うそ》は左翼の専売特許ですが、自らは平気で嘘をつくせに、他人を嘘つきと批判する。彼らは暴力反対と言いながら、平気で暴力に訴えます。

あらゆる手段を使って北朝鮮の核ミサイルの開発を阻止すべきですが、米朝首脳会談や南北首脳会談は明らかに北朝鮮に時間を与えることになります。朝鮮半島の平和を曲がりなりにも保ってきた米韓同盟がこれほど揺らぎ、不透明になっていることを親北朝鮮の政府と国民は理解していないのです。

2 竹島領土問題

我が国が古くから竹島の存在を認識していたことは、多くの古い資料や地図で明らかになっています。17世紀初めには、日本人が政府（江戸幕府）公認の下、鬱陵島《ウルルン》に渡る際、竹島を航行の目標や停泊地として利用するとともに、アシカやアワビなどの漁猟にも利用していました。遅くとも17世紀半ばには、我が国の竹島に対する領有権は確立していたと考えられます。

１９００年代初期、島根県の隠岐《おき》島民から、本格化したアシカ猟事業の安定化を求める声が高まっていました。こうしたなか、我が国は明治38（１９０５）年1月の閣議決定により竹島を島根県に編入し、領有意思を再確認するとともに、その後官有地台帳への登録、アシカ猟の許可、国有地使用料の徴収などを通じた主権の行使を他国の抗議を受けることなく平穏かつ継続して行いました。

こうして、既に確立していた竹島に対する我が国の領有権が、近代国際法上も諸外国に対してより明確に主張できるようになったのです。

第二次世界大戦後の我が国の領土処理等を行ったサンフランシスコ平和条約（１９５１〔昭和26〕年9月8日署名、１９５２〔昭和27〕年4月28日発効）の起草過程において、韓国は、同条約を起草していた米国に対し、日本が放棄すべき地域に竹島を加えるように求めました。

しかし、米国は、「竹島は朝鮮の一部として取り扱われたことはなく日本領である」として韓国の要請を明確に拒絶しました。これは、米国政府が公開した外交文書によって明らかになっています。

そのような経緯により、サンフランシスコ平和条約では、日本が放棄すべき地域として「済州島《チェジュ》、巨文島《コムン》及び鬱陵島を含む朝鮮」と規定され、竹島はそこから意図的に除外されました。

このように第二次世界大戦後の国際秩序を構築したサンフランシスコ平和条約において、竹島が我が国の領土であることが確認されています。

また、同条約発効後、米国は我が国に対して、竹島を爆撃訓練区域として使用することを申し入れました。これを受けて、日米間の協定に基づいて、竹島を爆撃訓練区域に指定することとし、我が国はその旨を公表しています。第二次世界大戦後の国際秩序において、竹島が我が国の領土であることは明確に認められていたのです。

しかし、サンフランシスコ平和条約発効直前の1952年1月、韓国は、いわゆる「李承晩《イスンマン》ライン」を一方的に設定し、そのライン内に竹島を取り込みました。これは明らかに国際法に反した行為であり、我が国として認められるものではない旨、直ちに厳重な抗議を行いました。それにも拘《かかわ》らず、韓国は、その後、竹島に警備隊員などを常駐させ、宿舎や監視所、灯台、接岸施設などを構築してきました。

このような韓国の力による竹島の占拠は、国際法上一切根拠のないものであり、我が国は、韓国に対してその都度、厳重な抗議を行うとともに、その撤回を求めてきています。こうした不法占拠に基づいたいかなる措置も法的な正当性を有するものではなく、また領有権の根拠となる何らの法的効果を生じさせるものでもありません。※1※2

※1　２０１２（平成24）年に、現職大統領として初めて李明博《イミョンバク》大統領（当時）が竹島に上陸しました。それ以降も、韓国政府・国会関係者が竹島に上陸しており、最近では、２０１６（平成28）年７月の文在寅「共に民主党」前代表による上陸に続き、８月には羅卿《ナギョン》ウォン「セヌリ党」議員率いる韓国国会議員団計10名が上陸しました。我が国は、これらの事案ごとに直ちに「竹島の領有権に関する我が国の立場に照らし、受け入れられず、極めて遺憾である」旨を韓国政府に伝え、徹底した再発防止を求めるとともに、厳重に抗議してきています

※2　国際法に反した李承晩ラインの一方的設定により日本との領有権紛争が発生した後に、韓国が日本の一貫した抗議を受けるなかで行っている一連の行為は、国際法上証拠力が否定され、領有権の決定に影響を与えることはありません。また、韓国は竹島の占拠を、領有権の回復であると主張していますが、そのためには、我が国が竹島を実効的に支配して領有権を再確認した明治38（１９０５）年より前に、韓国が同島を実効的に支配していたことを証明しなければなりません。しかし、韓国側からは、そのようなことを示す根拠は一切提示されていません

戦後、一貫して平和国家として歩んできた我が国は、竹島の領有権をめぐる問題を、平和的手段によって解決するため、昭和29（1954）年から現在に至るまで、3回にわたって国際司法裁判所に付託することを提案してきましたが、韓国側がすべて拒否したために、裁判は行われていません。

国際社会の様々な場において、重要な役割を果たしている韓国が、国際法に基づいた解決策に背を向ける現状は極めて残念ですが、我が国は、引き続き、国際法に則り、冷静かつ平和的に紛争を解決するために適切な手段を講じていく考えです。

3 韓国資本による対馬自衛隊基地周辺の不動産購入

朝鮮半島情勢の緊迫とともに、対馬《つしま》を訪れる韓国人観光客が増え、韓国人の不動産買収に拍車がかかっているそうです。韓国人観光客の増加につれ、民家、民宿、釣り宿などは韓国資本に買われています。この勢いだと対馬の土地の大部分が韓国資本に買われてしまうと言われています。

対馬に来た多くの韓国人は、「対馬はもともと韓国領であったが、いずれ正式に韓国の領土になる」と公言しています。

彼らは朝鮮半島有事の際に対馬に避難するために土地や建物を買っているふしがあり、有事の際には数十万人の難民が対馬に押し寄せてくる可能性があります。

さらに深刻なのは、旧軍時代から軍港があった竹敷《たけしき》地区に所在する海上自衛隊対馬防備隊本部に隣接する土地が韓国資本に買収され、リゾートホテルやロッジが建設されたことです。

自衛隊の基地の周辺が韓国資本に買収されると、自衛隊の活動が監視され、買収した土地からの妨害活動も容易になるなど、対馬の防衛にとって大きな問題が生じることになります。自衛隊の基地周辺の土地を外国資本が買収することを禁じる法整備が急務になっています。

4 在韓日本人の退避をどうするか
（非戦闘員退避作戦——NEO：Noncombatant Evacuation Operation）

国家の役割の一つに在外日本人の保護がありますが、朝鮮半島有事の際に韓国に存在する5万1000人の日本人をいかに救出するかは日本政府の大きな役割です。

朝鮮半島で紛争があった場合、在韓外国人の避難が重要な課題となります。現在、韓国には日本人5万1000人、米国人20万人、中国人100万人、カナダ人2万6800人、オーストラリア人1万人が生活しています。

米国は毎年、在韓米国人の避難訓練を実施していますが、今年（2018〔平成30〕年）も戦時を想定した韓国から米国本土までの避難訓練を実施しました。米国本土までの避難訓練は初めてで、現在の朝鮮半島の状況に対する危機感の表れでしょう。

在韓日本人のNEOは、在韓米国人のNEOよりも格段に難しい作戦です。なぜならば、韓国政府が、自衛隊の航空機や艦艇が韓国の空港や港を使うことに難色を示すからです。この韓国政府の非協力的な姿勢は、歴史問題に根差す韓国政府の反自衛隊感情が原因です。ＮＥＯは軍事的には実行可能な作戦ですが、韓国当局の許可が得られないと実施することは非常に困難です。

自衛隊の航空機や艦艇が拒否されるのであれば、民航機や民間船舶を使わざるを得ないのですが、情勢が緊迫すると民間の会社は難色を示します。しかし、在韓日本人の救出を何とか実施しなければいけません。以下、その三つの案を紹介します。

①最も大きな枠組みは、在韓外国人を抱える多くの国々と協力してＮＥＯを計画し、実行することです。韓国政府としても日本以外の国々のＮＥＯで使用する空港や港湾の利用を拒否することはできません。この国際的なＮＥＯの枠組みの中に日本も入り在韓日本人を救出する案です。

②最も可能性がある案は、米国が実施するＮＥＯの枠組みの中に日本も入り、在韓日本人を救出する案です。日米同盟がありますから、平素から米軍と調整しながら日米共同のＮＥＯを計画し、訓練を実施することが大切です。

③最終的手段としては日本単独でＮＥＯを実施することです。自衛隊機や自衛隊の艦艇を直接使用することは拒否される可能性が高く、民航機や民間船舶を利用することに

なります。日本単独でのNEOを韓国政府が認める可能性は低いと思います。これは最後の手段になります。

5 日韓の防衛協力は可能か

筆者（渡部）は、平成29（2017）年11月に韓国を訪問し、日韓の退役将軍による会議に参加しました。その際に、「日韓の防衛協力」に関するスピーチをしましたが、以下にスピーチの内容の概要を紹介します。なお、スピーチの内容に関しては、日韓の参加者の支持を得ています。

序言

北朝鮮の核・ミサイル開発は、日本・米国・韓国にとって深刻な問題になっています。北朝鮮は、国連安保理の対北朝鮮制裁決議の採択を米国とともに主導した日本を名指しで批判し、「日本列島の四つの島を、核爆弾で海中に沈めるべきだ」などと威嚇《いかく》しました。北朝鮮はまた、米国と韓国に対しても挑発的な言動を繰り返しています。このような状況において、日米韓の防衛協力について建設的に議論することは非常に大切であると思います。

日米韓防衛協力及び日韓の防衛協力について、記述します。

日米韓の脅威認識は一致しているか？

まず、日米韓の防衛協力は何を目的としているかが問われます。防衛協力の目的は、喫緊の課題である北朝鮮の脅威に対抗するためです。

日米韓防衛協力を語る際に大切なことは、日米韓の北朝鮮に対する脅威認識を一致させることです。これは防衛協力の前提で、非常に大切なことです。

日本と米国間においては、北朝鮮に対する脅威認識が一致しています。安倍首相とトランプ大統領は、頻繁《ひんぱん》に会談し、意思疎通を図っています。その結果、予想を超える早さで進展する北朝鮮の核・ミサイルの開発を脅威と認識し、「今は北朝鮮に対して、対話ではなく圧力をかけるべきだ」という認識で一致しています。

一方、韓国の北朝鮮の核・ミサイル開発に対する認識は、日米の認識とは微妙に違っているのではないでしょうか?

「日韓の2国間防衛協力」は実質的には「日米韓の3国間防衛協力」

ついで、「日韓の2国間防衛協力」が実質的には、「日米韓の3国間防衛協力」にならざるを得ないことを指摘したいと思います。

日韓2国間のみの防衛協力は、軍対軍のレベルでは合意できたとしても、政治のレベルでは合意が難しい場合が多く、米国が仲介者となることによって初めて、日韓防衛協力が可能になるケースが多いからです。

従って、日韓の防衛協力を推進しようと思えば、良好な日米関係及び良好な米韓関係を前提として、日米韓の防衛協力を推進しなければいけません。

日韓2国間の防衛協力が難しいことは、過去の日韓の防衛協力の歴史が物語っています。米国が介在しない日韓防衛協力は今までも困難であったし、今後も困難であると思います。

日米韓防衛協力についての米国の認識について

米国にとって、日本と韓国は重要な同盟国であり、日米韓の緊密な安全保障関係を主張してきました。

米国にとって良好な3ヵ国の関係は、中国及び北朝鮮の脅威に対抗し、アジア・太平洋の平和と安定のために極めて重要であると認識しています。

米国は、北朝鮮の核・ミサイルによる挑発に対して、経済制裁を科し、最後の手段として防衛力の行使も選択肢としてテーブルの上にあることを繰り返し表明しています。

そして、米軍は朝鮮半島周辺において韓国軍と共同訓練を実施し、自衛隊とも共同訓練を実施しています。この点で、米国を中心とした防衛協力に不安はありません。

日韓の防衛協力について

日本は、「日韓は仲良くやってもらいたい」という米国の要請を受け、今まで建設的かつ誠実に日韓防衛協力を追求してきましたし、今後も日韓及び日米韓防衛協力を追求します。

しかし、日本と韓国には解決困難な歴史問題等があり、日韓関係は先の大戦後ずっとギクシャクしてきたし、今後もその関係が劇的に改善することは難しいと思います。

一例をあげましょう。軍事情報包括保護協定（ＧＳＯＭＩＡ：General Security of Military Information Agreement）については、平成24（２０１２）年、ＧＳＯＭＩＡ締結1時間前になって韓国側が突然、締結の中止を通告しました。しかしながら、日本側の粘り強い働きかけと韓国側の協力もあり、平成28（２０１６）年に協定が締結され、平成29年には協定の1年延長が決定しました。

ＧＳＯＭＩＡの締結をめぐる経緯は典型的な例ですが、日韓の防衛協力について、日韓の軍関係者同士で日韓協力の合意が形成されたとしても、その合意を妨げてきたのは韓国内の政治状況であったと思います。

今後の日韓防衛協力分野について

今後の日韓防衛協力の分野としては、掃海における協力、自衛隊が実施するＮＥＯに対する協力、弾道ミサイル防衛（ＢＭＤ：Ballistic Missile Defense）分野での協力、北朝鮮の特殊作戦部隊や工作員に関する情報共有等の協力及び物品役務相互提供協定（ＡＣＳＡ：Acquisition and Cross-Servicing Agreement）の締結が考えられます。

・掃海における協力

朝鮮半島有事において北朝鮮が敷設《ふせつ》する機雷は、日米韓の作戦に大きな影響を及ぼします。自衛隊は、掃海において有意義な協力ができると思います。

・ＮＥＯにおける協力

朝鮮半島の状況が悪化し、在韓日本人の退避が必要な場合、ＮＥＯを実施することになりますが、韓国側の協力が不可欠です。

具体的な協力としては、自衛隊輸送機や自衛隊艦艇による在韓日本人の退避における空港や港の使用許可を期待します。この空港や港の使用なくしてＮＥＯは成立しません。

・ＢＭＤにおける協力
北朝鮮の弾道ミサイルに関する情報の共有等の協力を期待します。
・北朝鮮の特殊作戦部隊や工作員に関する協力
北朝鮮系の特殊作戦部隊や工作員に関する情報の共有等の協力を期待します。
・ＡＣＳＡの締結
日本が米国などと締結しているＡＣＳＡについて、韓国側が望めば韓国とも締結することは考えられます。

結言

理想的には、米国の介在がなくても日韓のみで必要な防衛協力を実施できることが望ましいのですが、現実として米国を含めた日米韓の防衛協力にならざるを得ません。その意味では、「日米関係」及び「米韓関係」を強固なものとし、それを基盤として日米韓の3ヵ国関係を深化させることが必要なのでしょう。

一方で、日韓の歴史問題等に根差す韓国内の反日感情に鑑み、日韓2国間の防衛協力を強引に追求することなく、あくまでも自然体で、良好な日米及び米韓の2国間関係を前提として、日韓の防衛協力を地道に推進すべきだと思います。

北朝鮮の核・ミサイル開発は大きな脅威でありますが、実のある日米韓防衛協力により、この脅威への対処が適切に行われることを期待してやみません。

第4章

中国——戦わずして、世界最強国家を目指す

1　中国の「戦わずして勝つ」日本弱体化戦略

中国は戦後、「敵を分断し孤立化させることによって極小化してゆく」という統一戦線戦略に基づき日本の弱体化を図ってきました。この戦略は中国伝統の「戦わずして勝つ戦略」に基づいています。

具体的には、日本共産党、社会党（当時）などの左翼政党とその影響下にある労働組合、マスメディアなどの反政府勢力に対する工作を強化し、自民党を中心とする保守勢力に対抗させ、日本を分断し、最終的に日本を米国から切り離すことを追求してきたのです。

その戦略は現在も継続し、左翼勢力（左翼政党、左翼的なマスメディア、日教組が支配してきた教育界、労働組合、日弁連が支配する法曹界など）を支援し、保守勢力を攻撃し、日本を分断、弱体化し続けています。

この長期的な戦略に基づき日本を弱体化しようとする中国の巧妙な試みに対して、我が国は有効に対処できていませんでした。我々がこれに対処しようと決意しなければ、中国の日本に対するコントロールはさらに強化されていくでしょう。ここに私の危機感があります。

本章においては、中国の「戦わずして勝つ」様々な戦略を紹介し、読者の皆さんの注意を喚起したいと思います。

2　なぜ中国は脅威なのか：習近平の「偉大なる中華民族の復興」

習近平《しゅうきんぺい》は、国家の発展及び復興のヴィジョンを「中国の夢」と表現していますが、習近平の夢は「偉大なる中華民族の復興」です。

彼は２０１３（平成25）年の全国人民代表大会において、二つの１００周年に関連付けた目標を発表しました。即ち、共産党創設１００周年に当たる２０２１年までに貧困を撲滅し、ややゆとりのある「小康社会」を実現し、中華人民共和国創建１００周年にあたる２０４９年までに富強・民主・文明・調和の「社会主義現代化国家」を実現するという目標です。

そして、習近平の野望がより明確になったのが2017（平成29）年の第19回党大会における3時間にわたる演説です。彼はその演説の中で、20回以上も「強国」という言葉を使い、建国100周年に当たる2049年頃を目途に「総合国力と国際的影響力において世界の先頭に立つ『社会主義現代化強国』を実現する」と宣言しました。つまり世界最強国家宣言です。

そして、人民解放軍については、「2020年までに軍の機械化と情報化を実現し、2035年までに国防と人民解放軍の現代化を基本的に実現し、今世紀半ばまでに世界一流の軍隊に育成する」と宣言しました。

この宣言は、中国の三段階の発展戦略「三歩走」を示しています。三段階とは、2010（平成22）年から2020年が第一段階、2020年から2035年までが第二段階、2035年から2050年が第三段階です。

これを最近の人民解放軍の海洋進出の動きで解説すると、人民解放軍は「2010年までに第一列島線以西を掌握する」という目標は2018（平成30）年の時点でほぼ達成したと判断しているのです。最近は頻繁《ひんぱん》に我が国の南西諸島近辺を通過し、第二列島線付近までの活動を活発化させていて、２０２０年までに第二列島線以西の掌握を実現しようとしています。最終的には２０５０年までに世界一流の軍隊を建設し米軍をアジア太平洋地域から完全に排除しようとしています。

習近平の野望は、中華民族が１８４０（天保11）年のアヘン戦争以前、つまり列強の植民地になる以前にそうであった世界一の大国の立場に復興を遂げることです。即ち、まず米国と肩を並べる大国になること、そして最終的には米国を追い抜き世界一の大国として世界の覇権を握ることです。

習近平の米国に対する挑戦は、様々な具体例をみれば明らかです。最も顕著な例が国防費の急激な増加とそれに伴う軍事力の増強であり、壮大な「一帯一路」構想の追求です。

3　列島線とは何か、第一列島線はなぜ重要か

「第一列島線」「第二列島線」は、もともと中国が人民解放軍近代化のなかで打ち出し

た軍事上の概念です。日本の防衛を考える際に極めて重要な概念ですし、列島線の重要性を理解することは、中国にとっての日本の重要性を理解することに繋《つな》がります。

米国防総省の解釈では、第一列島線は、九州南部から始まり、南西諸島、台湾、フィリピン、大スンダ列島を結ぶ線となります。第二列島線は、伊豆諸島、小笠原諸島、グアム・サイパン、パプアニューギニアに至る線です。

中国側の解釈では、第一列島線は、カムチャッカ半島、千島列島、日本列島、南西諸島、台湾、フィリピン、大スンダ列島を結ぶ線。そして第二列島線は、カムチャッカ半島、千島列島、日本列島の一部、伊豆諸島、小笠原諸島、グアム・サイパン、パプアニューギニアに至る線となっています。つまり、中国の解釈ではカムチャッカ半島、千島列島、日本列島が各線に含まれているのです。

この後の議論を展開するうえで日本列島が含まれたほうが適切であると思うので、本書では中国側の解釈を採用します。

人民解放軍海軍は１９８２（昭和57）年に「近海防御戦略」を策定し、第一列島線の内側を「近海」としました。第一列島線の外側が「遠海」であり、遠海での防御が「遠

図4-1　「「列島線」」

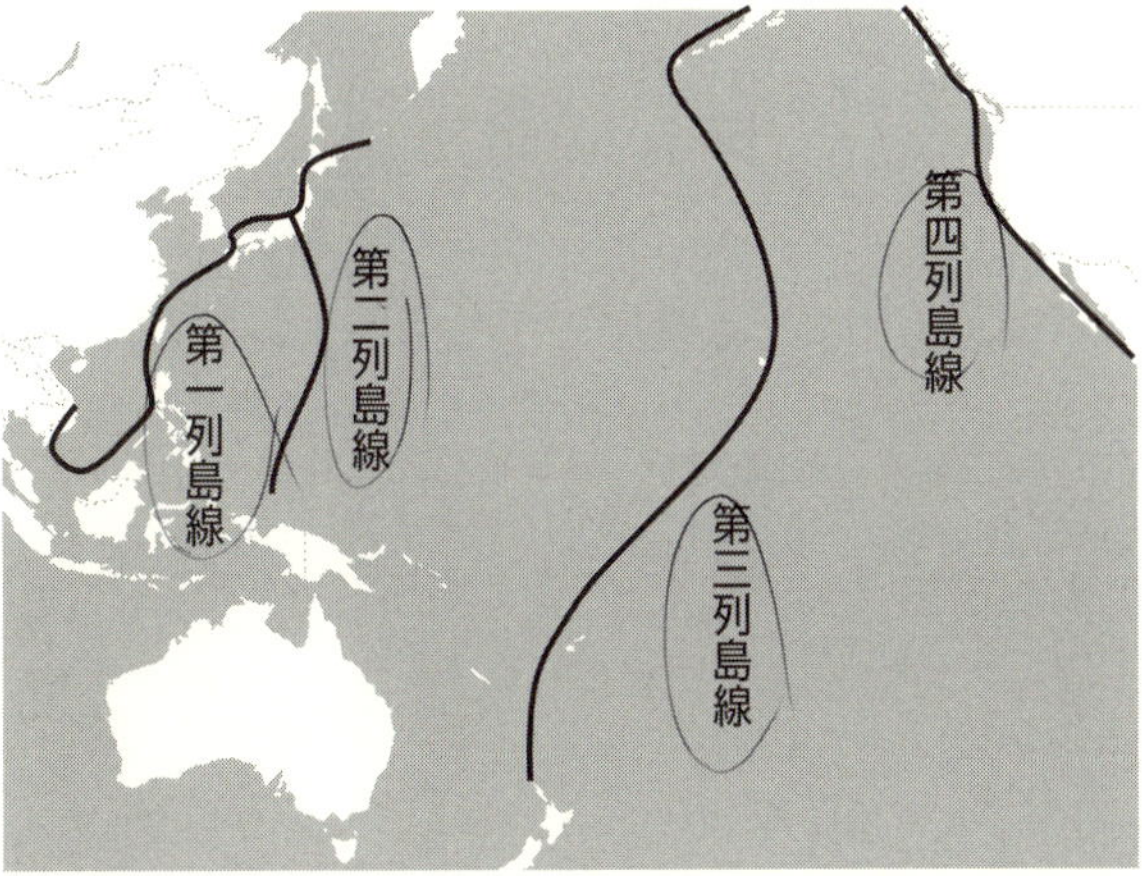

出典：筆者作成

海防御」です。中国海軍近代化の父と呼ばれる劉華清《りゅうかせい》が１９８５（昭和60）年に「近海防御戦略」の再検討を主導し、より中国本土から離れた場所で敵を迎撃する「積極防御戦略」が採用されました。中国はこの二つの列島線を基に戦略を定めているのです。

中国の専門家は、第三と第四列島線も考えています。人民解放軍海軍が外洋海軍を目指せば目指すほど、彼らの到着地点は米国本土に限りなく近づくことになります。第三列島線は、アリューシャン、ハワイ諸島、ポリネシア、ニュージーランドを結ぶ列島線でその核心はハワイ諸島です。ハワイ諸島には米国のインド太平洋軍の司令部とその指揮下部隊が配置されていて、米国本土の防護の前線拠点になっています。先の大戦でもハワイ諸島は、日本の帝国海軍の攻撃目標となったことはあまりにも有名です。

第四列島線は米国本土の西海岸であり、この線近くまで人民解放軍の海軍が進出することは、米軍を太平洋から排除するという中国の狙いの究極の姿となります。

以上の4本の列島線だけでも、中国の外へ外へと膨張する本質を理解できると思います。

4 中国の「三戦」の実態は

中国の「戦わずして勝つ」日本弱体化戦略の重要な要素が三戦です。

三戦とは

2003（平成15）年12月5日、中国は、人民解放軍における政治工作を規定した

「中国人民解放軍政治工作条例」の改正を公布しました。[※1] この改正により、「世論戦」、「心理戦」及び「法律戦」という新たな概念が人民解放軍が実施すべき政治工作として追加されました。そして、「軍事闘争を政治、外交、経済、文化、法律などの分野の闘争と密接に呼応させる」との方針も掲げられました。[※2] この「世論戦」「心理戦」「法律戦」を併せて「三戦」と呼びます。

「三戦」について、米国防総省『中華人民共和国の軍事及び安全保障の進展に関する年次報告２０１１』（２０１１〔平成23〕年8月）では、次のように説明しています。

・「世論戦」は、中国の軍事行動に対する大衆及び国際社会の支持を築くとともに、敵が中国の利益に反するとみられる政策を追求することのないように、敵国内及び国際世論に影響を与えていくことを目的とする政治工作

・「心理戦」は、敵の軍人及びそれを支援する文民に対する抑止、衝撃、士気の低下を目的とする心理作戦を通じて、敵の戦闘や作戦を遂行する能力を低下させようとする

※1　「中国人民解放軍政治工作条例改訂」『法制日報』（２０１０〔平成22〕年9月14日　北京）

※2　防衛省『平成21年版防衛白書 日本の防衛』（平成21〔２００９〕年7月21日　日経印刷）

政治工作

・「法律戦」は、国際法及び国内法を利用して、中国への国際的な支持を獲得するとともに、中国の軍事行動に対する予想される反発に対処する政治工作

また、人民解放軍機関紙『中国国防報』（2011年10月）は、「近年、世論対抗、心理競争、法理争奪などが徐々に常態的な作戦手段及び作戦様式となるにつれ、作戦空間も伝統的意味での物理領域、情報領域から認知領域へと拡大している」と指摘しています。この認知領域こそ三戦の舞台となる領域です。

以下に、中国が日本や米国に対して行っている「三戦」と推定される事例を紹介します。

世論戦（沖縄帰属問題と在沖縄米軍基地反対運動）

中国共産党機関紙『人民日報』は、2013（平成25）年5月8日、中国における社会科学研究の最高学術機構である中国社会科学院の張海鵬《ちょうかいほう》（同院哲学部副所長で中国近

代史を研究）と李国強《りこくきょう》（同院中国辺境研究所副所長兼中国共産党書記で領土や海洋問題を研究、現首相の李克強とは別人）の連名で「馬関条約（下関条約）と釣魚島《ちょうぎょ》問題を論ず」と題する論文を掲載しました。

この論文では、琉球王国は独立国であり明・清朝時代は中国の属国であったが、日本が武力によって琉球王国を併呑《へいどん》した。日清戦争の下関講和条約で清国政府は「釣魚島（尖閣諸島）を含む台湾や澎湖島《ほうこ》とともに琉球も日本に奪われた」とし、「カイロ宣言やポツダム宣言に照らせば台湾や澎湖島とともに、琉球も中国に返還されるべき」と主張して「琉球の帰属は歴史上未解決の問題である」と結論付けています。※3

論文で示された「琉球の帰属は未定」との見解は中国国内で反響を呼び、ネット上では「沖縄は中国の一部だ」「沖縄を取り戻せ」といった書き込みが溢《あふ》れました。日本の外務省からの抗議に対して、中国外交部の華春瑩《かしゅんえい》副報道官は「抗議は受け入れられない」と述べたものの、「（日本に沖縄の主権はあるという）中国政府の立場に変化はな

※3　森保裕「沖縄の帰属未定論 長引く尖閣対立で揺さぶりをかける中国」『月刊Wedge』（ウェッジ　平成25（2013）年5月22日）

い」と記者会見で説明しました。その一方で、中国共産党機関紙である人民日報系の

『環球時報』は、「琉球問題を活性化させ、政府の立場を変えさせよう」と国民に呼びかけました。

中国国内における世論の形成のみならず、２０１４（平成26）年5月には中国政府のシンクタンクなどが「琉球に関する学術会議」を開催して「琉球独立」を主張する日本の関係者たちを中国に招待しています。

一方、沖縄の『琉球新報』は同年7月11日に「琉球処分は国際法上、不正」と題する日本人法学者の主張を掲載しました。※4

また、中国では「琉球帰属未定論」に関して、大学やシンクタンクが日本の関係団体と学術交流を進め、関係を深めていく動きが続いています。

こうした交流の裏には、日本に対する「世論戦」を展開して、沖縄においても中国に有利な世論を形成しようという意図があります。

また、在沖縄米軍基地撤去を主張する沖縄の基地反対派の主張を中国国内や海外に紹介し、日米同盟の分断を図る「世論戦」も繰り広げられています。

心理戦（対艦弾道ミサイルによる心理戦）

中国は、ＤＦ－21Ｄ[※5]などの対艦弾道ミサイルの脅威を誇張することにより、米海軍の将兵に過度な懸念を抱かせ、その作戦を消極的なものにしようとしています。

この心理作戦が成功すると、人民解放軍が台湾や尖閣諸島を含む南西諸島に侵攻を企図した際に、米海軍が空母打撃群を台湾海峡や東シナ海に派遣することを躊躇《ちゅうちょ》する可能性があります。

●米海軍に衝撃を与えた対艦弾道ミサイルＤＦ－21ＤとＤＦ－26[※6]

中国国営のＣＣＴＶ（中国中央テレビ）は、２００９（平成21）年11月29日、対艦弾

※4　公安調査庁『内外情勢の回顧と展望（平成27年版）』（平成27（２０１５）年1月22日）
※5　ＤＦ－21を基に開発した対艦弾道ミサイルであり、射程約１５００㎞で洋上の空母を攻撃できると言われる（『中華人民共和国の軍事及び安全保障の進展に関する年次報告２０１０』米国防総省）
※6　ＤＦ－26は、グアムを攻撃できる「グアムキラー」と呼ばれている中距離弾道ミサイルで、射程３０００～４０００㎞

道ミサイルに関する長時間番組を放映し、米空母に飛来する対艦弾道ミサイルをイージス艦が迎撃できると信じていた水兵の悲惨な末路を迎えるシーンが流されました。※7

これらの対艦弾道ミサイルに関して、ロバート・ゲーツ米国防長官（当時）は2010（平成22）年9月、「中国が高精度の対艦弾道ミサイルを保有すると、空母は数百マイルも中国沿岸から離隔して行動せざるを得ず、我々は第二列島線まで後退させられてしまう」と述べました。

また、同年12月に当時の米太平洋軍司令官ロバート・F.ウィラード海軍大将は、「中国の戦略ミサイル部隊は、米国の空母打撃群に対してDF‐21Dを使用する能力を既に有しており、米国の空母打撃群を抑止する度合いを高めている」と発言しています。

また、2015（平成27）年9月3日、北京で行われた「抗日戦争勝利70周年」を記念した軍事パレードには、DF‐21DとDF‐26が対艦弾道ミサイルと紹介されて登場しました。特に、DF‐26は、「長距離精密兵器で対地のみならず洋上の中型以上の目標を攻撃できる」と紹介されました。

●アンドリュー・エリクソン米海軍大学校教授の反論

　アンドリュー・エリクソン米海軍大学校教授は２０１７（平成29）年２月23日、米中経済・安全保障検討委員会公聴会において、「１９９０年代中頃から開発された弾道ミサイルＤＦ‐21ＤとＤＦ‐26の２種類が２０１５年９月３日に北京で行われた軍事パレードに登場したが、ＤＦ‐21Ｄは２０１０年に、ＤＦ‐26は２０１５年にロケット軍に配備され、運用が開始されたと言われている」と述べたうえで、「過去にゴビ砂漠において空母を模擬した固定目標に対して発射試験を行ったとの情報はあるものの、洋上における移動目標に対する発射試験は現時点まで確認されていない」と明かし、対艦弾道ミサイルが洋上における移動目標に対する発射試験を経ずに実用段階に入っているとは思えないことを示唆しています。

　また、洋上を高速で移動する米空母に命中させるためには精密な終末誘導が必要となりますが、エリクソン教授は、「中国が運用していると言われる超水平線レーダー（Ｏ

※７　河村雅美「中国対艦弾道ミサイル開発に関する最近の報道」『水交』（水交会　平成26（２０１４）年11月）

THレーダー：Over The Horizon Radar）ではHF帯域[※8]の電波を用いているため約370㎞で目標を探知して存在圏は得られるものの、対艦攻撃に必要な位置精度は得られない」とし、また「2015年10月に打上げが始まった高精度の目標位置が得られるリモートセンシング衛星『吉林』は、計画では2020年までに60基となるが、目標位置の更新は約30分間隔であり、対艦攻撃に必要なニア・リアルタイムの目標位置を得ることはできない」と指摘しました。さらに「対艦弾道ミサイルの終末段階での落下速度が速いことは（迎撃が困難となるため）最大の強みだが、それが（終末段階での精密誘導を阻害する）最大の弱みでもある」と、技術的な面からも対艦弾道ミサイルが運用段階にあることに否定的な見解を示しています。

このように対艦弾道ミサイルについては、既に実用段階にあるか否かは疑わしいのですが、米国防総省や米海軍の関係者に大きな心理的な衝撃を与えていることは、要人たちの発言からもうかがえます。

法律戦（中国海軍情報収集艦の日本領海入域に関する中国政府の主張）

●中国海軍の情報収集艦事案

中国海軍の情報収集艦が、２０１６（平成28）年６月15日午前３時30分、口永良部島《くちのえらぶじま》西方の領海に入域しました。そして、同艦を監視飛行中の海上自衛隊Ｐ－３Ｃ哨戒機《しょうかいき》からの領海外退去を促す警告を無視して約１時間半にわたり日本領海内を南東に向けて航行した後、同日午前５時頃に屋久島《やくしま》南方で領海外へ出域して太平洋へ抜けました。※9

日本政府は同日午前９時35分、外務省の金杉憲治《かなすぎけんじ》アジア太平洋局長が劉小賓《りゅうしょうびん》駐日中国大使館次席公使に電話で「中国軍の活動全般について『懸念』している」旨を申し入れました。

●中国の主張：トカラ海峡は国際海峡であり、通過通航権が適用される

日本の懸念表明に対して、中国国防部報道局は同日、「トカラ海峡は国際航行に用いられる海峡であり、中国軍艦が同海峡を通過するのは国連海洋法条約の定める『航行の

※8　3～30ＭＨｚの周波数帯域の短波で、電離層による反射で遠距離まで到達できるが、季節や時間帯による伝播特質の変化が大きい

※9　「中国軍艦が領海侵入」時事通信　平成28（２０１６）年６月15日

写真4-1　日本領海に侵入した中国の「ドンディアオ級情報収集艦」

出典：時事（防衛省提供）

図4-2　「平成28年6月15日、中国海軍情報収集艦による日本領海入域状況」

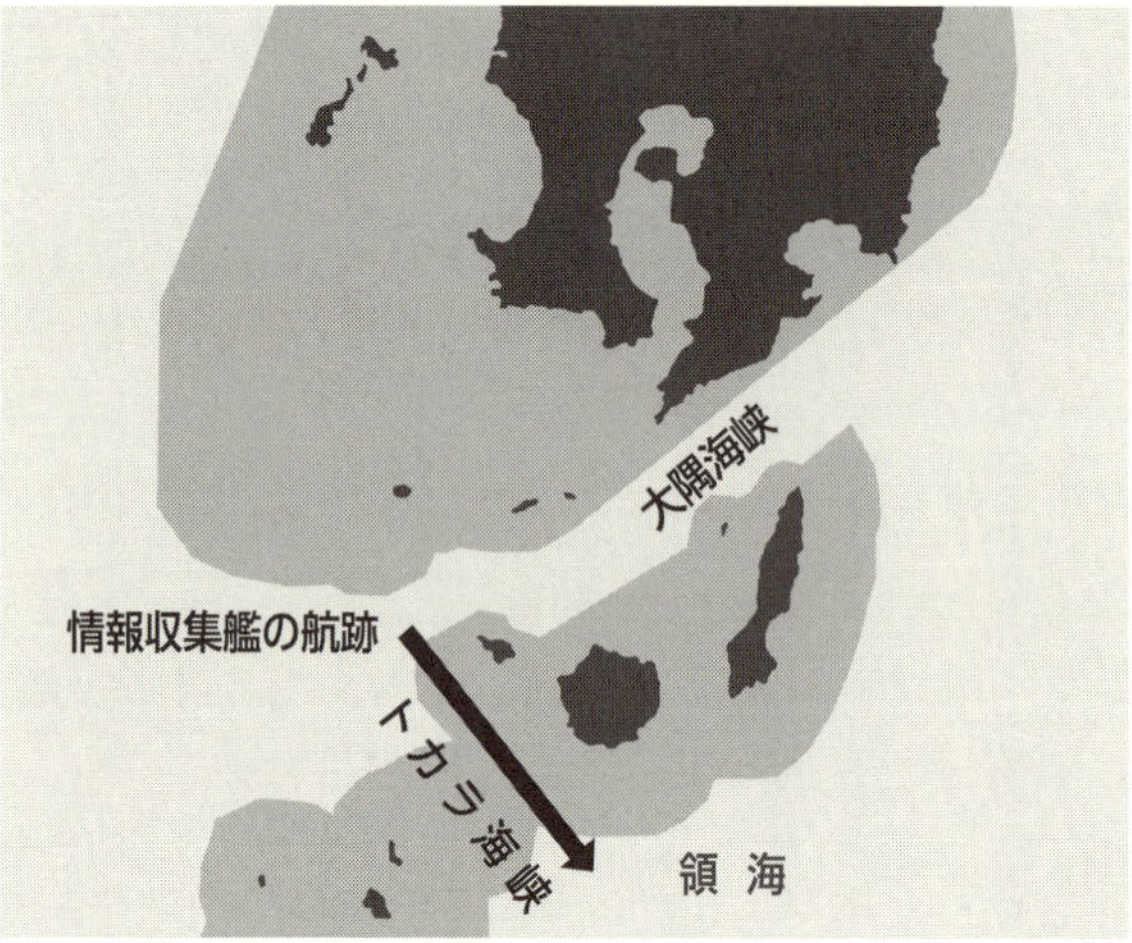

出典：筆者作成

自由の原則』に符合する」と表明し、[※10] 中国外交部の陸慷《りくこう》報道局長は「各国の艦船には通航権があり、通知や許可は必要ない」と強調して、「日本政府が過度に騒ぎ立てている」と非難しました。

中国外交部の華春瑩副報道官は、同6月17日、「トカラ海峡は国際航行に用いられる国際海峡であり、（同艦は）国連海洋法条約に基づく通過通航権を行使した」と主張、「国際海峡の通過通航権と（領海内における）無害通航権を同列に論じることはできない」と指摘し、「（日本側は）国際法をよく勉強すべきだ」と非難しました。

また、新華社通信は同日、同6月15日の国防部報道官の表明を補足する形で、「中国軍艦による日本領海の航行は、国際的航行に使われる海峡の通過通航権を行使しており、日本の防衛省が主張する領海の無害通航権ではない」との解説を掲載しています。

なお、「通過通航権」とは、「公海」と「公海」とを結ぶ「国際航行に使用される海峡」が沿岸国の「領海」で構成されている場合、軍艦や軍用機を含むすべての船舶や航

※10　「日本メディア『中国軍艦が日本領海に進入』、国防部コメント」『人民日報』２０１６（平成28）年6月16日

空機が保有する通航権のことで、沿岸国領海内の通航と領海上空の通過の自由が認められます。

「無害通航権」とは、沿岸国の領海内を「沿岸国の平和、秩序または安全を害さない」ことと「国連海洋法条約及び国際法の他の規則に従って行われる」ことを条件として、外国軍艦を含む船舶が航行できる通航権のことです。[※11]

●日本の主張：トカラ海峡は国際海峡ではなく「無害通航権」に則った処置が必要だ

日本政府は、平成28年6月16日、在北京日本大使館の公使が中国外交部の担当者に「トカラ海峡は国際的な船舶の航行はほとんどなく、国連海洋法条約で定める『国際海峡』には該当しない」、中国政府の説明については、「受入れられない」と申入れました。

日本政府は昭和52（１９７７）年5月、国連海洋法条約の発効に備え、「領海及び接続水域に関する法律（領海法）」を制定して領海幅を12浬《かいり》（1浬＝１８５２ｍ）としました。これにより距岸12浬の領海内を外国軍艦が航行する時は、沿岸国の平和、秩序、安全を害さないことを条件にして通航することが求められ、潜水艦も国旗を揚げて浮上

図4-3　「公海航路が存在する海峡」

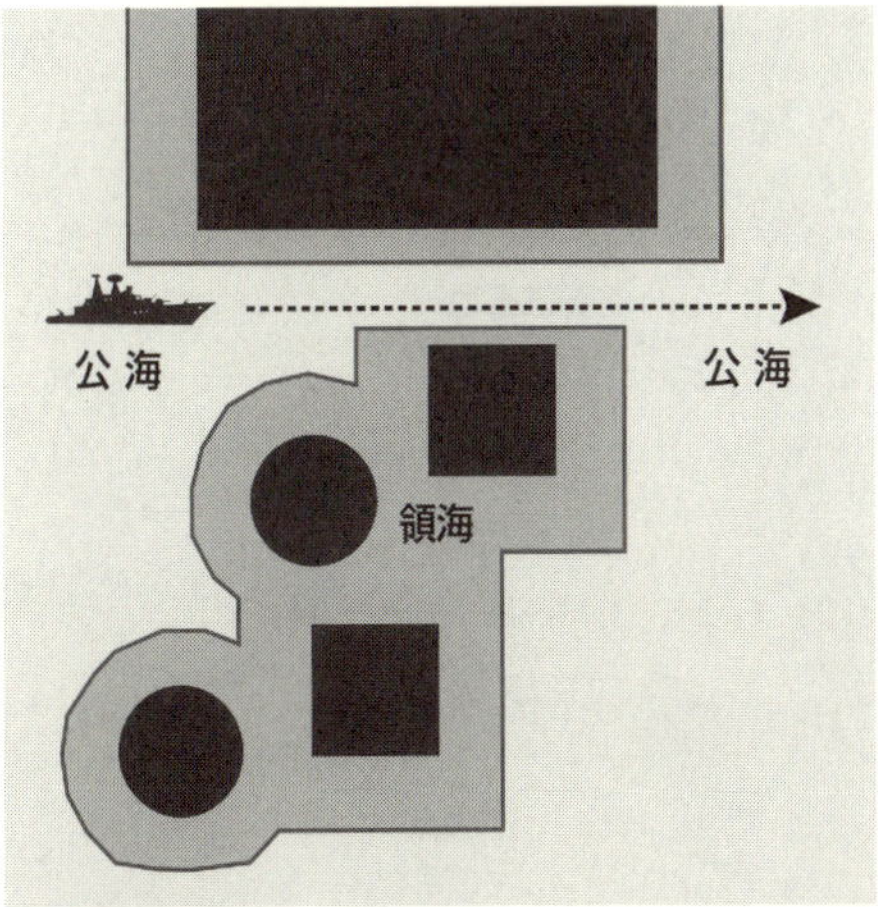

出典：筆者作成

航行することが求められます。繰り返しますが、これを「無害通航権」といいます。

日本政府は「領海法」制定時に、国際航行に使用されている宗谷《そうや》海峡、津《つ》軽《がる》海峡、対馬《つしま》東水道、対馬西水道及び大隅《おおすみ》海峡の５海峡については、船舶や航空機の国際通航を確保するため、海峡内の領海幅を３浬として、海峡内に公海部分を確保しました。

もしも、これらの５海峡内の領海幅

※11　国連海洋法条約第19条第2項には、「兵器を用いる訓練や演習」「航空機の発着」等の無害とならない航行を具体的に列挙しており、また、潜水艦の航行については同条約第20条で「海面上を航行（浮上航行）し、国旗を掲揚する」ことが規定されている

図4-4　「東シナ海と太平洋の間の日本領海」

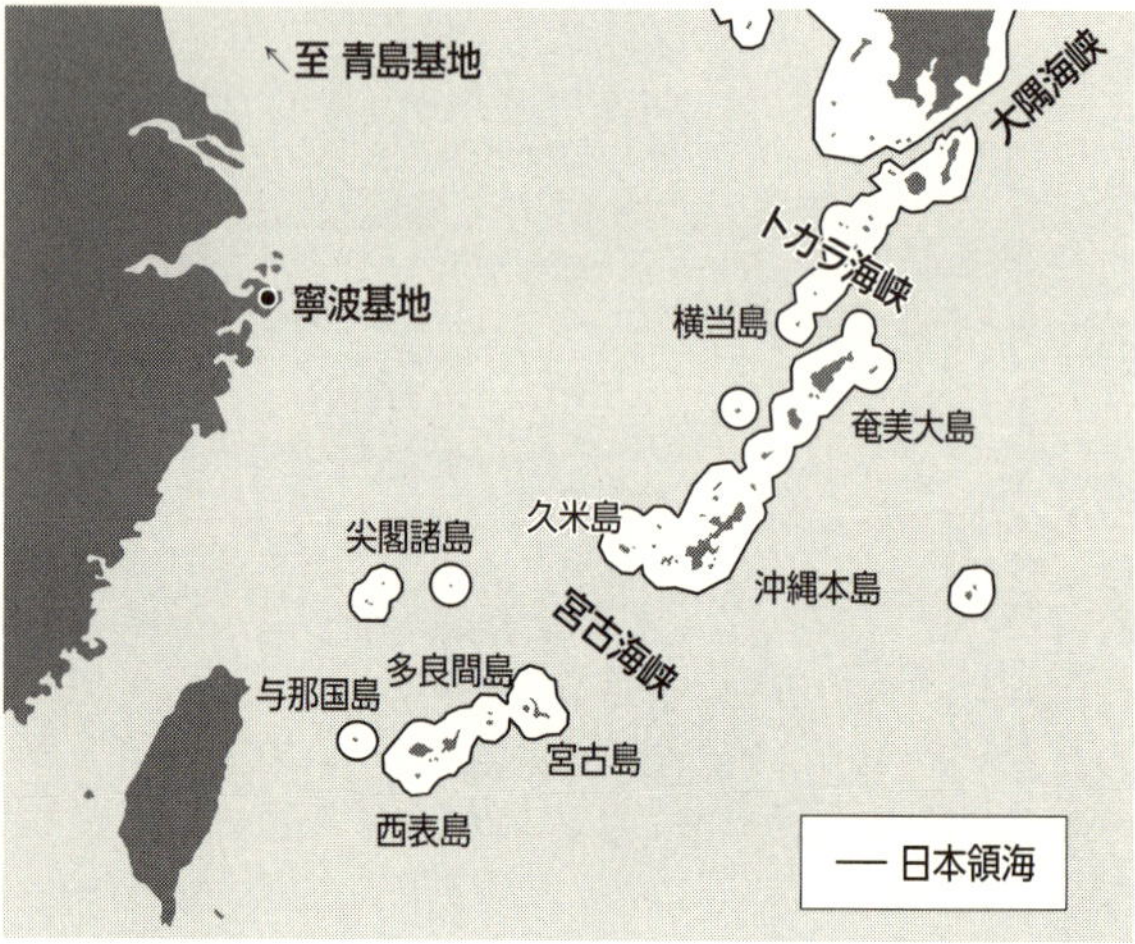

出典：筆者作成

を12浬とした場合、海峡が日本領海で構成されることとなり、海峡内の領海においても軍艦や軍用機を含むすべての艦船と航空機は、「通過通航権[※12]」を行使することにより、外国軍艦は航空機の離発着や情報収集等を行ったり、潜水艦は自由に潜没航行することができ[※13]、軍用機も沿岸国の事前許可なしに領海上空を通過飛行できることになってしまいます。

これを避けるため、当時の日本政府は海峡内の領海幅を3浬として国際航行が自由にできる「公海航路」を設定しました。

２０１６年６月の事案に関する中国政府の主張を認めた場合、トカラ海峡のみならず南西諸島を構成する島々の領海で構成される海峡や水道も「国際航行に用いられる海峡」と解釈され「通過通航権」を行使することにより、潜水艦の領海内における潜没航行や軍用機の無許可での領海上空飛行を認める結果になってしまいます。

つまり、従来であれば潜水艦が潜没航行状態で通峡できるのは大隅海峡※14、宮古海峡※15、与那国と台湾間の海域に限定されていましたが、平時あるいは軍事的な緊張が高まった情勢においても中国海軍は、南西諸島の日本領海で構成される海峡を潜没航行状態で通航させ、東シナ海から太平洋へ隠密に展開させることができることになります。結果と

※12　国連海洋法条約第38条には「すべての船舶及び航空機は、国際航行に使用されている海峡においては『通過通航権』を有し、この『通過通航権』は害されない」と規定されている

※13　国連海洋法条約第39条では、「継続的かつ迅速《じんそく》な『通常の形態』での航行」が義務として規定されている。潜水艦の「通常の形態」が、「浮上航行」なのか「潜没航行」なのかは、航行の安全性として航行船舶の自主的な判断に委ねられていると解釈されていることから、潜水艦は「潜没航行」を「通常の形態」とするとの解釈が一般的である

※14　「公海航路」が設けられた国際海峡

※15　宮古島と沖縄本島の間の日本の排他的経済水域で構成される海峡

して、ハワイや米国西海岸方面から来援する米空母打撃群を待ち受けて攻撃することができるようになるのです。

三戦にいかに対処するか

中国による「三戦」は、平時から絶え間なく行われていますが、中国の三戦に対して日本人の警戒心は極めて低いと思います。この三戦はボディーブローのように効き、特に軍事的な緊張が高まった際に日本の安全保障に大きな影響を及ぼすことになります。日本は、中国の三戦による主張や報道に対して、反論することなく静観したり、反論しても根拠の薄い感情的なものになる傾向があります。

中国の三戦に対しては、日本の国家を挙げた対応が急務になっています。政治家、防衛省・外務省・文部科学省などの省庁、アカデミア、メディア、法曹界などによる組織的で首尾一貫した反論をすべきです。

5　超限戦とは何か

「超限戦」は、中国人民解放軍の大佐二人（喬良と王湘穂）が1999（平成11）年に発表しましたが、発表当初から、そのネーミングの巧みさもさることながら、その内容が民主主義的価値観をはるかに超えた過激な内容であったために、世界的に大きな反響を呼びました。

米国の人民解放軍研究者の間では、超限戦が軍の正式な文書でないために、公式文書と同列に取り扱うことは推奨されていません。しかし、私はこの超限戦は人民解放軍の本音をさらけ出した文書として評価しています。現在の中国は、まさに超限戦を実践しているのです。

超限戦は、文字通りに「限界を超えた戦争」であり、すべての制約や境界（作戦空間、軍事と非軍事、正規と非正規、国際法、倫理など）を超越し、あらゆる手段を駆使する「制約のない戦争」です。正規軍同士の戦いである通常戦のみならず、非軍事組織を使った非正規戦、外交戦、国家テロ戦、金融戦、サイバー戦、三戦（世論戦、心理戦、法律戦）等を駆使し、目的を達成しようとする戦略です。倫理や法の支配さえも無視する極めて厄介な戦争観です。

民主主義国家にとって人権、自由、人命の尊重、国際法の順守などは当然のことであり、軍事行動はこれらの価値観を超えない範囲において許されます。

しかし、超限戦においては、行動に歯止めをかけるものは何もありません。だから厄介なのです。

中国は、現在この瞬間も、超限戦を遂行しています。例えば、平時からサイバー戦を多用し企業秘密等を窃取《せっしゅ》していますし、三戦（世論戦、心理戦、法律戦）を数多く展開しています。

6　中国国防動員法はなぜ脅威か

中国国防動員法とは

中国の有事基本法には、１９９７（平成９）年に施行された「国防法」がありますが、動員の具体的措置に関する法令がなかったために、「国防動員法」が成立、同法は２０１０年に施行されました。

国防動員法の目的は、「国家の主権、統一と領土の保全の完全性及び安全を守ること」です。

国防動員法の内容

国防動員法の注目点は以下の諸点です。

・中国国内で有事が発生した際に、全国人民代表大会常務委員会の決定の下、動員令が発令される。

・国防義務の対象者は、18歳から60歳の男性と18歳から55歳の女性。

・国務院、中央軍事委員会が動員工作を指導する。

・個人や組織が持つ物資や生産設備は必要に応じて徴用される。

・有事の際は、交通、金融、マスコミ、医療機関を必要に応じて政府や軍が管理する。

また、中国国内に進出している外資系企業も管理の対象となる。

・国防の義務を履行せず、また拒否する者は、罰金または、刑事責任に問われることがある。

中国国防動員法の何が問題か

もしも、東シナ海や南シナ海で偶発的な衝突が発生した場合、中国政府が有事と判断すると国防動員法が適用されます。つまり、中国政府が「有事だ」と判断すれば、中国に進出している日系企業を含めて、中国のあらゆる組織の人・物・金の徴用が合法化されるのです。

・第31条では、「招集された予備役要員が所属する役所や企業などは兵役期間の予備役要員の召集に協力しなければならない」と規定されています。彼らは、有事に際して、兵站《へいたん》などの後方支援や敵国に関する情報収集任務を付与される可能性があります。

・第54条では、「備蓄物資が国防動員の需要を延滞なく満たすことができなくなった時は、民生用資源を徴用できる」と規定しています。そのため、中国に進出している日本企業のあらゆるもの——企業や個人が所有または使用している車や電気機器などの物資、施設など——が徴用される可能性があります。

さらにこの法律が適用された場合、中国当局が外国企業に対して、兵器に転用できる部品を生産するよう要請し、その要請に応じない場合、その外国企業は罰金などの処罰を受ける可能性があります。

・第63条では、「金融、交通運輸、郵政、電信……などの業種に管制を敷く」と規定されていて、最悪の場合は日系企業の中国での銀行口座や金融資産が接収される可能性があります。

また、有事の際には、日本人駐在員やその家族が人質になる可能性があります。さらにこの国防動員法は有事のみならず、場合によっては平時にも適用されます。

国防動員法は「外国に居住する中国人」にも適用される

日本に数十万人いる中国人留学生や技能研修生も、中国当局の動員命令が発令されると、それに従うしかないのです。武器があれば、兵士に早変わりです。

具体例を紹介します。中国は国防動員法に基づく動員命令の予行演習を、平成20（2008）年4月に長野県で実施済みです。この時は、4000人の中国人留学生が長野

写真4-1　「動員された中国人と五星紅旗」

出典：時事通信フォト

に動員されたと言われています。※16

発端は、北京オリンピックの聖火リレーの際、長野県の善光寺に協力を仰いだところ、仏教徒であるチベット人を弾圧する中国に協力はできないと善光寺が断り、さらにチベット支援者が長野に集結することになったので、中国も中国人留学生を動員して、この運動を邪魔しようとしたことです。

「外出先から家に帰ってくると、自分の部屋の中に最寄駅から長野までの往復切符と動員の指示書、そして大きな『五星紅旗』（中国国旗）が置いてあった」と証言した中国人留学生もいたようです。

写真4－1を見れば、中国国防動員法の脅威が分かると思います。

7　中国の豪州における工作活動

私の手元に中国の対豪州工作を告発する衝撃的な文書が二つあります。一つは2005（平成17）年5月に豪州に政治亡命を求めた、シドニー中国総領事館の外交官・陳用林《ちんようりん》に関する文書で、豪州上院「外交・防衛・貿易に関する委員会」の報告書「陳用林の政治亡命申請」[※17]です。

あと一つは豪州のクライブ・ハミルトン教授の著書『Silent Invasion（静かなる侵略）』[※18]で、この二つの文書は密接な関係があります。2005年に陳用林が告発した「中国による豪州への工作の実態」を深刻に受け入れていれば、豪州のあらゆる分野に浸透し

※16　田代秀敏　中国「国防動員法」—その脅威と戦略と
※17　Foreign Affairs, Defense and Trade References Committee, "Mr. Chen Yonglin's request for political asylum", Commonwealth of Australia　September 2005
※18　Clive Hamilton, "Silent Invasion", hardie grant books

た中国の脅威を告発したハミルトン教授の著書『Silent Invasion』は必要なかったのです。

なぜ、中国の対豪州工作活動を紹介するかといえば、中国は日本その他の国々でも豪州におけると同じ手法を使い、工作活動を実施しているからです。豪州では、中国人スパイや工作員の浸透は広く深く、その浸透は中国移民を利用して拡大し続けています。

日本に滞在する中国出身者は増加していますが、その事実そのものが問題なのではありません。問題なのは、中国共産党が日本で居住する中国人をコントロールし、日本の主権を侵す形で日本に影響力を発揮しようとしている事実です。

日本人は、その現実を直視しなくてはいけません。豪州での事例研究は、日本の危機管理にとって不可欠なのです。

「陳用林の政治亡命申請」の内容

●陳用林のシドニー中国総領事館での任務

陳用林の任務は、中国共産党が「五つの有害な組織」に指定する法輪功[※19]、民主主義シンパの活動家、親台湾独立勢力、親チベット勢力、親東トルキスタン勢力への対処、特に法輪功への監視と弾圧でした。

陳用林は当初、任務に忠実で、法輪功に対する厳しい取り締まり――法輪功信者に関する情報収集、脅迫、信者を拉致して中国本土へ送り込むなど――をしていました。彼の証言によりますと、中国本土に拉致された法輪功信者は、労働収容所送り、投獄、再教育、最終的には殺害されています。

陳用林は、次第に良心の呵責《かしゃく》を感じるようになり、ついには法輪功信者を保護するようになりました。そして、８００人分の信者リストを上層部に報告することなく削除してしまいました。その行為が露見し、豪州に政治亡命を申請するに至ったのです。

特別組織「６１０オフィス」は、１９８９（平成元）年6月10日に法輪功弾圧を目的に作られた秘密組織で、中国本土のみならず豪州にも存在し、中国外務省官僚はその存在を知っていますが、中国政府は否定しています。

※19　法輪功は、仏教や道教の思想を根底にした気功で、創始者の李洪志《りこうし》に対する個人崇拝が中国の治安を乱すとして江沢民《こうたくみん》により非合法化され、それ以来継続して厳しい弾圧を受けている

陳用林が「610オフィス」から聞いた話では、中国本土に6万人の法輪功信者がいて、約3万人が投獄か労働収容所送りになっています。

●豪州における中国大使館や総領事館の役割

在豪中国大使館や総領事館の任務の一つは、現地の中国系住民の監視と統制、特に反中分子の摘発や監視、豪州国内で活動するスパイや工作員を統括することです。

陳は総領事館の情報を根拠として、豪州国内に約1000人のスパイが配置されていると証言しています。スパイには密告者も含まれていて、中国政府が指揮する海外でのスパイ活動には複数のパターンがあると陳は説明します。

まず、本土から直接送り込まれてくるスパイ、または工作員です。これらのスパイや工作員は、盗聴や尾行を行うプロです。

そして、豪州で勉強している中国留学生や、ビジネスマンをスパイとして活用します。留学生を使ったネットワークは広く活用されていて、中国人留学生をリクルートし、空港で政府要人を歓迎させたり、反中勢力の活動を監視させたり、デモを妨害させたりしています。特に親が中国政府の人間の場合、その留学中の子弟が本業以外の諜報活動をしている可能性が高いそうです。

中国人の移民社会と中国留学生は監視されています。中国人コミュニティや留学生協会の代表のほとんどは中国政府に繋がっています。各大学の留学生向け中国人協会は、中国政府によって作られ、リーダーまで指名され、財政的援助を受けていると言われています。

●孔子学院の問題

陳は、中国共産党の文化を使った浸透作戦に気を付けるように警告しています。その代表例が孔子学院で、中国政府が海外の大学と提携し、中国語や中国文化の教育・宣伝及び中国との友好関係醸成を図る目的で設置されている中国の国家機関です。日本でも17校ほどの大学にあります。

孔子学院は、明らかに中国の「プロパガンダ学院」で、中国共産党の主張を伝える洗脳機関であり、米国やカナダの大学ではこれを閉鎖する例も出てきています。

また、米国内の孔子学院が、米国のシンクタンクや大使館に対する情報収集活動拠点となっているという嫌疑さえあります。

『Silent Invasion』の内容

ハミルトン教授によれば、豪州は、中国にとってその影響力を拡大するために非常に魅力的な国です。まず、鉄鉱、石炭等の地下資源が豊富です。そして、中国系の人たちが多く（約100万人）住んでいて工作活動のために便利で、民主主義国で他の文化に対して寛容で浸透しやすいなどが理由です。

●広範囲な分野への中国の浸透

豪州では2017年頃からやっと中国の脅威に関する認識の変化が起こりました。中国政府が豪州の政界、経済界、大学（アカデミア）、メディアなどに深く浸透し、豪州に対する内政干渉を強めているという認識が深まりました。陳用林の10年以上前の警告が正しかったことがやっと理解されたのです。

しかし、豪州の政治家の中には中国マネーに買収され、中国政府に操られている者が多数いて大きな政治問題になっています。また、経済界においては、中国との経済関係が抜き差しならない状況になっていて、中国なしでは立ちゆかない状況になっている会社もあり、中国政府の圧力に弱い立場になっています。

学界においても、中国の影響力は大きく、研究資金の提供や中国本土での研究機会の提供などを通じて、中国に批判的な意見を述べることをためらう風潮があります。

●中国に取り込まれた政治家たち

「第5列（fifth column）」は、本来味方であるはずの集団の中で敵方に味方する人々、つまりスパイなどのことをいいますが、豪州の元首相たちがその役目を遂行しています。

例えば、ボブ・ホークとポール・キーティングが首相だった1983（昭和58）年から1996（平成8）年の間に政治家・官僚の対中国観を形成したという見方があります。彼らにやはり元首相のケビン・ラッドなどが加わり、チャイナ・クラブを形成し、中国の友人として中国の立場に沿った言動をとっています。

ハミルトン教授は、同書内で「中国の豪州に対する工作が非常に効果的であり、速やかに対処をしないと大変なことになる」と警告していますが、中国の豪州への工作と同様な工作が日本に対しても進行中であると考えるべきです。

ハミルトン教授は「中国は、アジアにおける覇権国家として同地域を支配しようとしている。そのために豪州と米国の同盟を分断し、豪州に（米国とは自立した）独自の外交政策を採用するように仕向けている」とも書いています。

繰り返しますが、中国の特徴は、中国大使館及び総領事館が工作活動の中心だということです。豪州においては、中国共産党の影響が各分野に深く入り込んでいるために、それを取り除くことは非常に難しくなっているという結論です。

●豪州が中国の世界で生きるか否かは豪州自身の判断

豪州のビジネスエリートは、「中国に我々の未来がかかっている」と思い込んでいますが、その思い込みが中国依存を強め、中国の豪州に対する工作に鈍感になっています。中国の経済的な揺さぶりに豪州の国家としての尊厳さえ犠牲にして、中国に迎合しているのです。

中国の豪州政界、経済界、アカデミア、マスメディアへの浸透は巧妙に深くなされています。特に、豪州政府内に中国人スパイが潜伏していることも認識すべきです。今こそその実態を知り、対策を打たないと手遅れになると著者のハミルトン教授は警告しています。

豪州議会が内政干渉を防ぐための法案可決

豪州では、以上のような中国の内政干渉に対抗する動きが一つの成果を生みました。豪州上下両院は、２０１８年６月28日までに、外国の利益を代弁して行う政治活動には事前の届け出を義務づけるなど、外国による不当な内政干渉を受けにくくする法案を可決しました。

可決された法案では、外国の利益を代弁して豪州国内で政治活動をするすべての人について、その国との関係や活動内容などを事前に届け出るよう義務づけています。

また、豪州議会では、外国政府に代わって企業機密を盗むことなどを新たにスパイ行為とみなし、罰則の対象とする法案も可決しました。法案を担当するクリスチャン・ポーター司法長官は「豪州の安全保障を脅かす行為を阻止するため、我々が必要な手段をとり続けるという強いメッセージを送るものだ」という声明を発表しました。

豪州政府は、外国人からの政治献金を禁止する法案についても、2018年内の成立を目指すなど、今後も外国からの内政干渉には断固とした措置をとる姿勢です。

8 中国のサラミ・スライス作戦とは

中国は、戦わずして目的を達成する作戦として「サラミ・スライス作戦」を多用しています。サラミ・スライス作戦とは、「1本のサラミを丸ごと盗みますとすぐにばれるが、薄くスライスして1枚ずつ盗んでいくとなかなかばれない。このように、小さな行動を積み重ねることにより、戦わずして最終目的を達成しようとする作戦」です。

歴史的には、ソビエト連邦の独裁者ヨシフ・スターリンが、バルト3国を併合した時にサラミ・スライス作戦を使っています。まず、軍隊の通行だけを認めるよう要求し、それが許可されると次は「水や食料を調達させろ」「軍隊を駐留させろ」と、段階的に要求をエスカレートさせ、最終的にバルト3国そのものを奪い取ってしまったのです。

南シナ海における中国のサラミ・スライス作戦

南シナ海におけるサラミ・スライス作戦を紹介したいと思います。中国は、以下に記述する行動――これらの行動一つひとつがサラミのスライス1枚に相当します――を積み重ねることにより、最終的に南シナ海を中国の海にしようとしています。

・1974（昭和49）年、米軍の南ベトナム撤退に乗じてベトナムから西沙《せいさ》諸島のクレセント島とウッディ島を奪取しました。

・1987（昭和62）～1988（昭和63）年に南沙《なんさ》諸島の六つの岩礁を占領し、軍事施設を建設しました。

・1995（平成7）年、フィリピンからパラワン島沖のミスチーフ礁、1997年にはスカボロー礁を占拠しました。

・1992（平成4）年、「領海及び接続水域法」を制定し、台湾、尖閣諸島、澎湖列島、東沙《とうさ》諸島、西沙諸島、中沙《ちゅうさ》諸島、南沙諸島はすべて中国の領土だと規定しました。

・1998（平成10）年、「排他的経済水域及び大陸棚法」を制定し、島嶼《とうしょ》の領海基線から200浬を排他的経済水域（EEZ：Exclusive Economic Zone）だと強引に規定し、しかもそのEEZを領海であるかのように解釈し、他国の艦船等の運航を規制しています。

・2014年半ば以降、南沙諸島で占拠する七つの島嶼で急速かつ大規模な人工島の建設を開始し、軍事施設の建設も推進しています。

日本に対するサラミ・スライス作戦

中国は、尖閣諸島をはじめとする日本の領域に対して、サラミ・スライス作戦を実施中です。我々は、この事実を深刻に認識する必要があります。

・中国は1895（明治28）年から1970（昭和45）年までの75年間、一度も日本の領有に対して異議も抗議も行っていませんでした。

中国は、国連が尖閣諸島周辺における石油資源が存在する可能性を発表した1970年以降、領有権を主張し始めました。中国は、当面の間、軍事行動は避け、世論戦、法律戦、心理戦を駆使し、時間をかけて尖閣諸島を奪取する選択をしました。

・１９９２年、「領海及び接続水域法」を制定し、尖閣諸島を中国の領土だと規定しました。

・２０１０年、「海島保護法」を制定し、島嶼に対する主権行使を強化しました。

・２０１０年の中国漁船の海上保安庁巡視艇に対する体当たり事件に関連する報復として、日本に対する経済制裁――レアアースの輸出制限など――中国各地での反日行動――日本車、日本のデパートの破壊など――中国に滞在する日本人従業員の不当な拘束などを行いました。

・２０１２（平成24）年、日本政府が尖閣諸島を国有化した頃から、中国海警局に所属する公船の活動が活発化・常態化しました。

・２０１３年、中国は尖閣諸島の上空をカバーする防空識別区（ＡＤＩＺ：Air Defense Identification Zone）を一方的に宣言し、空域での統制を強化しました。

・２０１６（平成28）年8月、約２００隻から３００隻の中国漁船が尖閣諸島の接続水域で操業し、最大15隻の中国公船が接続水域に入り、延べ36隻が日本の領海に侵入しました。

・今後懸念される行動としては、尖閣諸島の占領、宮古島、石垣島、沖縄本島への影響力の拡大などです。

以上のような中国のサラミ・スライス作戦に対して、日本や米国などの民主主義諸国は、警告を発する線（イエロー・ライン）と断固たる行動をとる線（レッド・ライン）を明示しなければいけません。そして、中国がイエロー・ラインを越える度に明確な警告を発し続け、レッド・ラインを越えれば、断固として軍事行動を含む実力行使をしなければいけません。今まで、中国の行動への対処方針を決めていなかったために、中国のサラミ・スライス作戦に適切に対抗できなかったのです。

9 沖縄の戦略的重要性

沖縄は冷戦時代から戦略的に重要な拠点です。那覇から東京までの距離は、広州、マニラ、ハノイや平壌までの距離と大差ありません。また、米国海兵隊は普天間《ふてんま》基地から朝鮮半島まで島伝いの給油による移動で、空中給油をせずに到達できます。

沖縄の戦略的重要性は、昨今の中国の脅威の高まりに比例して増大しています。中国は第一列島線や第二列島線を設定し、米軍による列島線内への接近を阻止し、重要な地域の利用を拒否する「接近阻止・領域拒否（Ａ２／ＡＤ：Anti-Access/Area Denial）」能力強化を図っていますが、沖縄本島をはじめとする南西諸島はまさに第一列島線の要の位置にあります。普天間から石垣空港や下地島《しもじしま》空港等を経由し、フィリピンやその先の東南アジアにもすぐに展開できるという意味でも、沖縄は第一線に最も近い場所にあると言えます。

よく「なぜ沖縄の海兵隊はグアムに展開できないのか」という質問がありますが、地政学的な観点から見てもグアムでは遠過ぎます。

有事の際、直ちに第一線に向かわなければならない海兵隊は、常に航空部隊と実戦的な訓練場が隣接した場所に駐屯する必要があります。従って、西太平洋の入口にある沖縄に、高い機動力と打撃力を併せ持った海兵隊を存在させることが重要なのです。

一方、「嘉手納《かでな》空軍基地に展開すれば良いではないか」という声もあります。戦略的にも非常に重要な機能を持つ嘉手納基地は、戦闘機のみならず偵察機、空中給油機なども展開しています。ここはハワイとともに、太平洋にある最も大きな航空基地であり、米空軍の戦略の要ですし、日本にとっても重要な場所です。一見広大なスペースに見えますが、有事の際にはアメリカ本土から派遣される補給部隊や支援部隊で一杯になってしまうため、ゆとりがないのが現実です。

10 尖閣諸島は日本にとってなぜ譲れない問題なのか

米国の安全保障の専門家の多くは、尖閣諸島を称して「無人の岩だらけの島」と表現し、尖閣諸島を守るのは一義的に日本の責任だと主張します。しかし、日本にとっては不可欠な島なのです。以下、その理由を説明します。

国家主権は、領土、領海、領空と密接な関係

領土を侵略されることは国家主権を侵害されることです。国家は、独立を確保するために他国の介入を排除することにより、領土・領海・領空などの自国領域に関し国家としての営みを継続することができます。

キーワードは領土主権で、領域主権ともいいます。領土に対する国家の排他的支配権で、国家主権を国民に対する権能の側面からとらえた対人主権と対応する概念です。国家はその領土に存在するすべての人及び物に対して主権を有します。領土内では国民も外国人もこれに服さなければなりません。領土主権は外国人の本国の対人主権に対する優越が認められ、本国は外交的保護権の行使など例外的な権能の行使を認められるにすぎません。

また国家は、特別の制限のない限り、領土主権に基づき自国の領土を任意に使用、占有、処分することができます。※20

※20　ブリタニカ国際大百科事典

尖閣諸島に関する日本政府の基本的な立場

以下、外務省のホームページに記載されている日本政府の見解に沿って説明します。

尖閣諸島が日本固有の領土であることは歴史的にも国際法上も明らかであり、現に我が国はこれを有効に支配しています。したがって、尖閣諸島をめぐって解決しなければならない領有権の問題はそもそも存在しません。

尖閣諸島に関する日本政府の領有権に関する根拠は以下の諸点です。

①第二次世界大戦後、日本の領土を法的に確定した昭和26(1951)年のサンフランシスコ平和条約において、尖閣諸島は、同第2条に基づいて日本が放棄した領土には含まれず、同第3条に基づいて、南西諸島の一部としてアメリカ合衆国の施政下に置かれました。昭和47(1972)年発効の沖縄返還協定によって日本に施政権が返還された地域にも含まれています。

②尖閣諸島は、歴史的にも一貫して日本の領土である南西諸島の一部を構成しています。即ち、尖閣諸島は、明治18(1885)年から日本政府が沖縄県当局を通ずる等の方法により再三にわたり現地調査を行い、単に尖閣諸島が無人島であるだけでなく、清

国の支配が及んでいる痕跡がないことを慎重に確認したうえで、明治28（１８９５）年1月14日に現地に標杭を建設する旨の閣議決定を行って、正式に日本の領土に編入しました。この行為は、国際法上、正当に領有権を取得するためのやり方に合致しています（先占の法理）。尖閣諸島は、明治28年４月締結の下関条約第２条に基づき、日本が清国から割譲を受けた台湾及び澎湖諸島には含まれません。

③中国の領有権主張は、尖閣諸島周辺の石油資源含有の可能性が分かったあとの昭和45（１９７０）年以降です。

④１９５３（昭和28）年1月8日付けの中国共産党中央委員会の機関紙『人民日報』で、「尖閣諸島は琉球群島に含まれる」との主旨が記述されています。

尖閣諸島に関する中国の主張

①明代の歴史文献に釣魚島（魚釣島《うおつりじま》）が登場し、琉球国には属しておらず、中国の領土でした。

②日清戦争（明治27〔１８９４〕年～明治28年）に乗じて日本が不当に尖閣諸島を奪い

ました。日本は、日清戦争で台湾とその付属島嶼、澎湖列島などを中国から不当に割譲させて、中国への侵略の一歩をすすめました。

③中国はサンフランシスコ平和条約に関与していないため、そこで決定されたことを認めない立場です。中華人民共和国については、ポツダム宣言、降伏文書に参加しておらず――当時国家として存在していませんでした。成立は1949年〔昭和24年〕です――サンフランシスコ平和条約に署名もしていません。

「中国の主張」への日本政府の反論

①への反論

明から1561（永禄4）年に琉球へ派遣された使節が皇帝に提出した上奏文に、尖閣諸島の大正島《たいしょうじま》が「琉球」と明記されていました。

中国が尖閣を領有していたとする史料がどこにもないことは判明していましたが、さらに少なくとも大正島を琉球だと認識した史料もあったことが分かり、中国の主張に歴史的根拠がないことがいっそう明白になりました。

②への反論

日本による尖閣諸島の領有は、日清戦争による台湾・澎湖列島の割譲という、侵略主義、領土拡張主義とは性格がまったく異なる、正当な行為でした。

日本の領土編入後も、１９２０（大正９）年に中華民国駐長崎領事が魚釣島に漂流した中国漁民を助けてもらったとして石垣の人々に送った「感謝状」に「日本帝国八重山郡尖閣列島」と明記されています。

③への反論

日本政府は「中国の歴史的根拠は有効ではない」としています。

第二次世界大戦の戦後処理は妥当なものであり、尖閣諸島は明治28年1月14日の編入以来一貫して日本が統治し続けてきた固有の領土であって、このことは国際社会からも認められています。

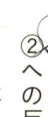

11　中国の宇宙戦の実態は——中国は米国に次ぐ軍事衛星大国

宇宙空間に所在する、人工衛星の破壊などをめぐる軍事上の作戦を「宇宙戦」と呼ぶことにします。

中国は、宇宙大国を目指していて、急速に宇宙での能力向上を図っています。中国の衛星打ち上げ数の急増は明らかです。

仮に米中間の紛争が起こった際、中国は米国の人工衛星などに対する先制攻撃を作戦成功の不可欠な要素と認識しています。なぜなら、米軍のアキレス腱は人工衛星とそれを支える衛星関係インフラの脆弱性《ぜいじゃく》こそにあるからです。

万が一、米国の人工衛星が破壊されるか機能低下に陥れば、米軍の作戦は致命的な打撃を受けます。例えば、通信衛星や偵察衛星が破壊されれば通信・情報・監視・偵察能力に決定的な損害を蒙《こうむ》ります。また、全地球測位システム（GPS：Global Positioning System）衛星が破壊されると、GPSを活用する兵器（弾道ミサイルなど）の射撃精度に決定的な影響を与えるほか、自己位置情報をはじめとする位置情報が使えなくなり、

ＧＰＳを使用する無人機、艦艇、航空機も影響を受けることになります。

つまり、宇宙戦は、現代戦における指揮・統制・通信・コンピューター・情報・監視・偵察（Ｃ４ＩＳＲ：Command, Control, Communication, Computer, Intelligence, Surveillance and Reconnaissance）の各機能にとって死活的に重要な作戦なのです。人工衛星が破壊されると、米軍が得意とする「ネットワークを活用した作戦」に大きな打撃となります。米軍の「ネットワークを活用した作戦」では、ほぼリアルタイムでデータのやり取りを行っていて、目標発見、目標情報の伝達、目標情報に基づく火力打撃の実施、火力打撃の効果の確認までを実施する指揮・統制・打撃システムを駆使しています。人工衛星の破壊はこの指揮・統制・打撃システムの死を意味すると言っても過言ではありません。

以上のような中国の宇宙戦が日本に志向された場合、軍事的な影響だけではなく、国民の生活や経済活動にも大きな影響があることを認識すべきです。そのためにも宇宙状況の認識・監視（ＳＳＡ：Space Situational Awareness）能力の向上と衛星等の強靭《きょうじん》性強化は急務となっています。

中国の対宇宙能力

中国は、米軍の最大の弱点を攻撃することを重視し、広範な対宇宙能力の獲得を追求してきましたが、中国の衛星攻撃能力は高く、現在では米国に負けない能力を持っているとされています。

中国は２００７（平成19）年、高度８５０kmにある自国の衛星を目標とし、対弾道ミサイル迎撃ミサイルＳＣ－19による攻撃で破壊しました。その際に宇宙ゴミ（デブリ）が大量に発生し、世界中から非難を浴びたものの、中国の実験成功により、この高度に存在する日本や米国の大部分の低軌道衛星は脆弱であることが明らかになりました。

さらに中国は、２０１４年7月、弾道ミサイル迎撃試験を3度実施しましたが、その技術は対衛星兵器に必要な技術そのものです。また、通信衛星や偵察衛星の能力を低下させる通信妨害システムを保有していて、中国の対衛星兵器は実用段階にあります。

なお、中国は、具体的に以下のような対宇宙能力を保有しています。

●直接上昇対衛星ミサイル（DAAM：Direct Ascent Anti-Satellite Missile）

対衛星兵器の代表は、地上から発射したミサイルを人工衛星に直接命中させる方式の兵器です。中国は過去この直接上昇対衛星ミサイルとして、対弾道ミサイル迎撃ミサイルＳＣ－19を使った実験を繰り返してきました。

また、ＳＣ－19以外では、高高度の衛星、例えば米国のＧＰＳ衛星を破壊する能力を持つＤＮ－２（动能－２）を保有し、米国のみならず我が国にとっても脅威となっています。

●同一軌道対衛星システム（ＣＯＡＳ：Co-Orbital Anti-Satellite Systems）

ＣＯＡＳは、攻撃対象となる人工衛星と同一軌道を周回し、対象衛星に接近し、搭載した爆薬で破砕する装置で、運動エネルギー兵器、レーザー兵器、高周波兵器、レーダー妨害装置、ロボット・アームなどを使って対象衛星を攻撃します。また、ＣＯＡＳ自体が攻撃対象衛星に衝突することもあります。ちなみに、他の衛星に近づく技術のみであれば、宇宙飛行士や物資を運ぶ衛星が宇宙ステーションにドッキングする技術と類似しており、その意味では日本も高い技術を保有しています。

ソ連の崩壊以降、米国はＣＯＡＳの脅威を認識していませんでした。しかし、中国が

ＣＯＡＳを開発し、試験を繰り返している現状に米国は危機感を募らせています。

ＣＯＡＳがＤＡＡＭより勝れている点は、発生する宇宙ゴミが少ないこと、すべての軌道の状況に対応できること、地形的な制限がなく攻撃できること、戦争のエスカレーションを軽減できること、多くの攻撃方法を有していることなどです。

●指向性エネルギー兵器（レーザー兵器など）

１９９０年代以降、中国はレーザー兵器等を開発しています。２００６（平成18）年には低軌道上の米国の人工衛星に対して高出力レーザーを照射し、衛星機能の一時的な能力低下を引き起こしました。

この事案により、画像撮影衛星の破壊または盲目化を目的とする地上発射レーザーを中国が保有している事実が明らかになりました。

また、中国は、高周波兵器――原理は電子レンジと同じ――を開発中であり、５年から10年後には実戦配備が可能となるでしょう。高周波兵器とは、文字どおり高周波によって人工衛星の電子部品を高温、またはショートさせて損害を与え、破壊する兵器です。

高周波兵器は、地上配備、宇宙配備及びミサイルに搭載が可能であるため、すべての軌道に存在する人工衛星に有効となります。

以上の中国の対衛星兵器は、米国のみならず、日本にも大きな脅威になっていることを認識すべきです。

12　軍が統括する中国のサイバー戦

中国のサイバー戦は、〝国家ぐるみ〟で行われます。人民解放軍、軍以外の公的機関（情報機関、治安機関など）、企業、個人のハッカーがすべてサイバー戦に関与するのです。その中心的役割、つまりサイバー戦全体を統括する役割を担っているのが人民解放軍です。

評価の高い中国軍事科学院の『戦略学』（２０１３年版）によりますと、人民解放軍には特別軍事ネットワーク戦争部隊が存在し、サイバー戦（攻撃及び防御）を実施します。さらに、人民解放軍がサイバー戦展開の権限を付与する政府組織として、国家安全

図4-5　「グレート・ファイアーウォールとグレート・キャノン」

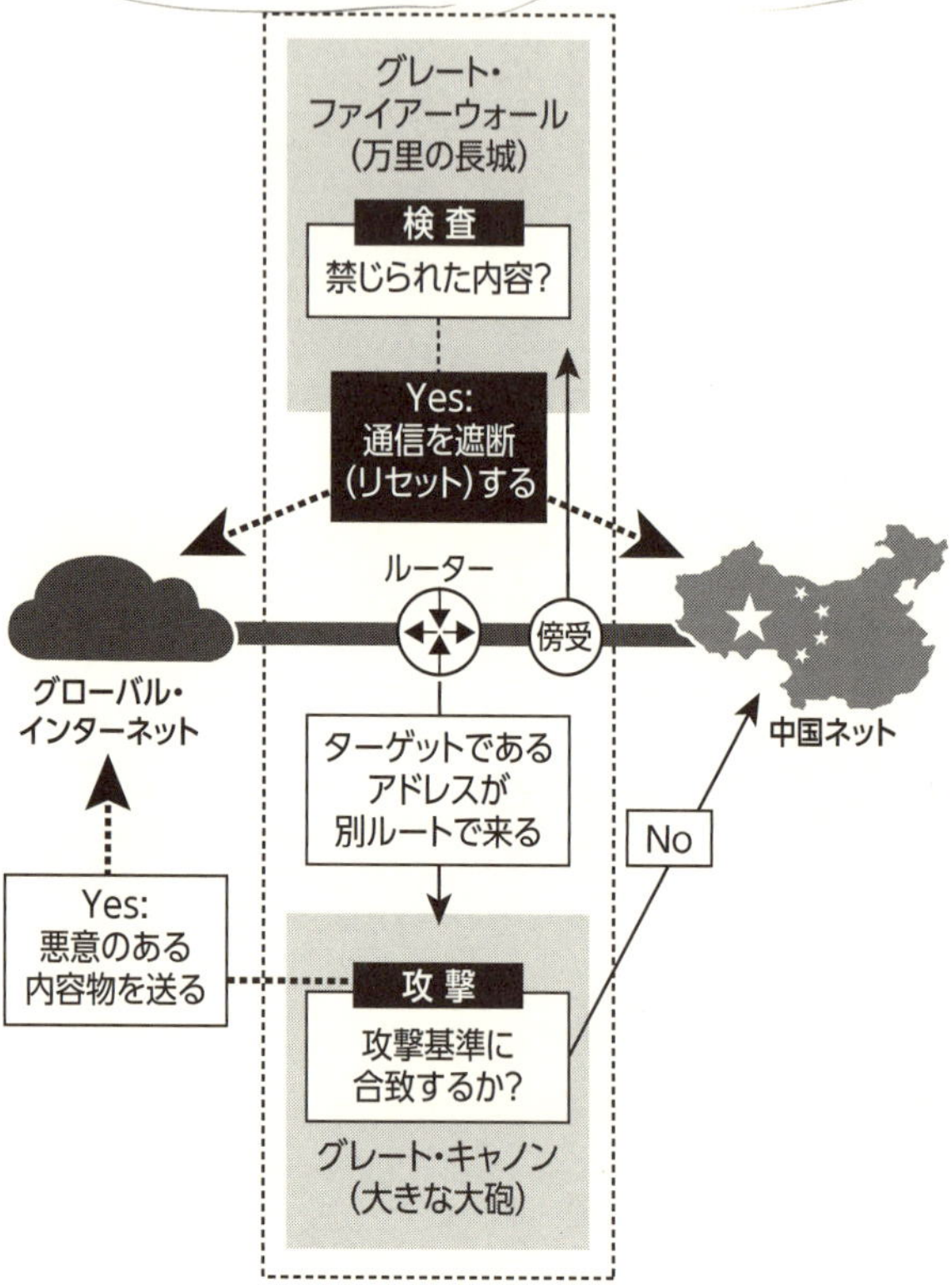

出典：トロント大学の原画をもとに筆者が作成

部（国務院に所属する情報機関）や公安部（人民警察、人民武装警察）が存在しますが、サイバー戦を実施する場合にはやはり人民解放軍の許可が必要です。

また、非政府の民間組織は、自発的にサイバー戦に参加していますが、必要な時には人民解放軍がその活動をコントロールし、人民解放軍統制下でサイバー戦を実施します。特に有事においては国家の指示で個人・企業もサイバー戦に動員されることになっています。

中国のサイバー戦の顕著な特徴は、防御的サイバー戦のみならず、攻撃的サイバー戦を躊躇なく行う点です。

図４-５をご覧ください。中国は国家レベルでサイバー空間の統制を強化しています。そのうち防御的サイバー戦を担うのが、グレート・ファイアーウォール（大きな壁）で、いわば、サイバー空間における万里の長城です。他方、攻撃的サイバー戦を担うシステムがグレート・キャノン（大砲）です。

中国国内のネット網に入ってくる者をグレート・ファイアーウォールで識別・選別し、悪意ある侵入者だと判断すれば中国のインターネットへのアクセスを拒否します。さらにグレート・キャノンを使って、悪意のある侵入者に対し、自動的に報復するシステムを国家レベルで構築しているのです。[※21]

人民解放軍のサイバー部隊

繰り返しますが、国家ぐるみのサイバー戦を実施する中国では、サイバー戦の主役は人民解放軍です。

米国のシンクタンク「プロジェクト2049」の2011年の論文[※22]によりますと、サイバー戦を統括する人民解放軍総参謀部第三部の下には数千人規模のサイバー部隊が存在します。例えば上海所在の第二局には北米を担当する有名な61398部隊、青島所在で日本と韓国を担当する第四局（61419部隊）、北京でロシアに関係した活動をしているとみられる第五局（61565部隊）、武漢所在で台湾・南アジアを担当する第六局（61726部隊）から、上海所在で宇宙衛星の通信情報を傍受する第一二局（61486部隊）まで計12の主要部局があると言われています。

なお、これらの部隊には、サイバー戦の専任部隊のみならず、重要な機能であるC4

ＩＳＲを担当する部隊も含まれています。

６１３９８部隊などは、平素から米国をはじめとする諸外国の外交・経済・軍事産業・ハイテク産業の情報、日本の自衛隊等の国防ネットワーク、兵站《へいたん》などに関する情報の入手を目的としてサイバースパイ活動を実施しています。

このサイバースパイ活動の技術は、攻撃的サイバー戦を遂行する際に必要な技術と同じであり、平素のサイバー活動が紛争時における攻撃的サイバー戦の前提となる点に留意が必要です[※23]。

紛争時におけるサイバー戦能力

紛争時中国の日本に対するサイバー戦としては、「兵站システムに対するサイバー戦」

※21　University of Toronto The Citizen Lab, "China's Great Cannon"
https://citizenlab.org/2015/04/chinas-great-cannon/

※22　"The Chinese People's Liberation Army Signals Intelligence and Cyber Reconnaissance Infrastructure"

※23　Annual Report To Congress: Military and Security Developments Involving the People's Republic of China 2015, Department of defense

「産業制御システム（SCADA：Supervisory Control and Data Acquisition）[※24]に対するサイバー戦」「自衛隊の指揮統制システムに対するサイバー戦」「自衛隊の兵器システムに対するサイバー戦」の4種類が考えられます。

「兵站システムに対するサイバー戦」は、自衛隊の兵站システムが安全性の低い民間の兵站システムと連接しているため、民間のシステムが狙われます。人民解放軍は、サーバーへのアクセスを分断し、兵站データを改ざんすることで自衛隊の作戦にダメージを与えることができます。人民解放軍が自衛隊のネットワークに侵入することは十分可能であり、過去にも侵入の事例があります。

「SCADAに対するサイバー戦」とは、自衛隊基地周辺のSCADAに対するサイバー戦によって電力、水道、通信などのインフラに損害を与え、自衛隊の作戦に影響を及ぼすことが考えられます。

ただ、主要な自衛隊基地には電力の代替システムがありますし、少なくとも日本のSCADAは欧米のSCADAよりは強靭だと言われています。

「自衛隊の指揮統制システムに対するサイバー戦」は、より直接的に自衛隊の指揮統制システムにサイバー戦を仕掛けることで自衛隊の作戦を妨害しようというものです。

「自衛隊の兵器システムに対するサイバー戦」についてですが、ネットワーク攻撃により自衛隊の兵器システムの能力発揮を低下させることの可否の評価はさらに困難です。しかしながら自衛隊は、高度にネットワーク化されており、個々の空自及び海自の兵器は、その兵器自体が大規模なデータ処理装置の役割を担っているため、サイバー攻撃に対する脆弱性を認識する必要があります。

ソフトを改ざんし、システムを無能化したり、偽の目標を挿入したり、GPSを微妙に変化させたりすることは可能であり、攻撃による損害からの復旧には時間がかかります。

サイバー戦のドクトリン

人民解放軍は「情報化環境下における局地戦争に勝利する」というコンセプトを20年

※24　SCADAは産業制御システムの一種で、コンピューターによるシステム監視とプロセス制御を行う

前に導入しました。このコンセプトの実現には、ハイテク戦争に勝利する戦闘部隊と、弱者が強者を撃破する手段が必要になります。

具体的には自衛隊の弱点となりうる「ネットワークへの依存」への攻撃を追求しています。『中国の軍事戦略[※25]』では、情報戦（電子戦とサイバー戦を含む）を最も重要な戦争形態と明記しています。そして、「ネットワーク戦争の優越は、敵の指揮システムを機能不全にし、作戦部隊及びその活動を統制する能力を奪い、兵器を無能化し、軍事衝突において自らの主導権を確保し、最終的に戦勝を可能にします」と『中国の軍事戦略』に記されています。

※25　2015（平成27）年5月26日に発表された中国の国防報告

第5章

グレーゾーン事態への対処
——対応に苦慮する現実

1　グレーゾーン事態にいかに対処するか

平成27（2015）年に成立した「平和安全法制」は、集団的自衛権の行使に関する過去の政府見解を見直し、より現実的な見解を示した画期的な意義を有する法制です。

しかしながら、最も重要で喫緊の課題である「グレーゾーン事態」にいかに対処するかに関する法的措置を避けたのは最大の痛恨事でした。

「グレーゾーン事態」への対応については、政府は法制化を見送り、事前の閣議決定で首相に自衛隊出動の可否を一任するという〝運用〟の改善で対処することになったのですが、このような運用の改善のみでは最適な対処は困難です。

		高
	存立危機事態	武力攻撃事態
	他国が武力攻撃を受け日本の存立や国民の生命等に対する明白な危機が迫った事態	日本への直接的な武力攻撃が行われた事態
	国際海峡への機雷敷設、同盟国に対する弾道ミサイル攻撃等の発生	日本への武力攻撃の発生
	自衛隊	
	「武力攻撃・存立危機事態法」に基づく集団的自衛権の行使	「武力攻撃・存立危機事態法」に基づく個別的自衛権の行使

図5-1　「各種事態における対応組織や法的根拠等」

事態の深刻度	低		
	平　時	グレーゾーン事態	重要影響事態
事態区分	国家間における武力行使等がない平常な状態	平時でもないが有事とも認定できない事態	放置すれば日本への武力攻撃に波及する事態
想定事例	国内でのテロ活動、治安が悪化した国の邦人救出等	武装集団による離島占拠、武装工作船等による不法行為の発生	朝鮮半島や台湾海峡等の周辺地域における武力紛争の発生
対応組織	警察・海上保安庁等		
武器使用や出動等の根拠	「警察官職務執行法」		「重要影響事態法」に基づく自衛隊の出動
	「災害派遣」等による自衛隊の出動	「海上警備行動」等による自衛隊の出動	

出典：筆者作成

最前線で警戒・監視の任務に従事している、自衛隊、海上保安庁、警察にとって、「グレーゾーン事態」は常態であり、これにいかに適切に対処するかは深刻な問題になっています。

参考までに、図5-1にグレーゾーン事態をはじめとする各種事態区分、想定事例、対応組織、武器使用や出動の法的根拠をまとめました。

この章では、グレーゾーン事態に対処するための法的な問題点を提起していきたいと思います。

グレーゾーン事態とは

グレーゾーン事態ですが、平成29（２０１７）年版『防衛白書』によりますと、「領土や主権、経済権益などをめぐる、純然たる平時でも有事でもない事態」のことです。つまり、外国から武力攻撃を受けた「有事」とは認定できないが、「平時」とも言えない状況を指します。このグレーゾーンの事態が最近、増加・長期化する傾向にあります。

グレーゾーンの事態の具体例を挙げますと、武装した漁民が日本の離島を占拠したり、武装工作船や半潜水艇などが日本の領海内において不法行動を続けたりするケースがあります。

自衛隊が必要な武力を行使できる「防衛出動」の要件を満たさないため、基本的に海上保安庁や警察が対応します。自衛隊が「治安出動」や「海上警備行動」で出動することも可能ですが、武器使用は法で大きく制限されており、十分な対応ができません。

我が国にとって、このグレーゾーン事態は対処が非常に難しい事態です。なぜならば、我が国の法制度の弱点を直撃する事態であるからです。法制度の弱点とはズバリ、そのグレーゾーン事態に有効に対処するための適切な「行動規定」が存在しないことです。

警察や海上保安庁などの法執行機関は、警察官職務執行法（警職法）に基づく正当防衛と緊急避難が行動規定になります。自衛隊がグレーゾーン事態に有効に対処するためには、正当防衛や緊急避難以上の実力の行使が必要ですが、その根拠となる行動規定が存在しないことが問題なのです。次に説明する日本の領空を侵犯する軍用機への対処が分かりやすい例です。

2　空におけるグレーゾーン事態への対処：対領空侵犯措置

平成28年6月に発生した重大事案

皆さんご承知の通り、航空自衛隊の重要な任務として緊急発進（スクランブル）があります。外国の航空機が日本の領空を侵犯しないように、空自の戦闘機が緊急発進して領空侵犯を予防しています。

航空自衛隊の元パイロットの織田邦男氏によりますと、平成28（2016）年6月に重大な航空事案が発生しました。[※1] 空自機が防空識別圏（ADIZ：Air Defense

Identification Zone）に進入した中国人民解放軍機に接近して警告したのですが、人民解放軍機は複数回にわたり空自機に正対する攻撃動作を取りました。武装した戦闘機同士がミサイルの射程圏内でまみえることは、一触即発の事態になりかねません。攻撃動作を取られた空自機は、いったんは防御機動でこれを回避しましたが、ドッグファイトに巻き込まれ、不測の事態が生起しかねないと判断して、ミサイル攻撃回避用の「フレア」弾※2を発射して空域を離脱したそうです。

この厳しい状況において、空自機のパイロットは、中国機から射撃される危険を回避するため、右記行動をとったのだと思いますが、一般的な対領空侵犯措置は以下の通りです。

●対領空侵犯措置

領空侵犯機に対する国際慣例上の処置としては、領空侵犯機を着陸させるか、自国領域上空から退去させるために、誘導、無線などによる警告、武器の使用などを行います。軍用機の領空侵犯に対しては、国際慣例上、「退去」または「強制着陸」の措置を取りますが、侵犯機がそれを拒否した場合、撃墜することは認められています。

しかし、自衛隊法をはじめとする日本の法制度では、領空侵犯措置に関する権限規定がありません。武器使用の権限規定がないために、その職務の遂行において武器の使用はできません。つまり現行の法解釈では、正当防衛、緊急避難を除く対領空侵犯の任務遂行のための武器使用はできません。結果的に、攻撃的な領空侵犯機に対する実効的な対応が極めて難しいのです。

平成28年６月の事案でも中国機が極めて攻撃的な姿勢をとりました。そのため空自機は攻撃されることを回避すべく「フレア」弾を発射し、空域を離脱せざるを得なかったのです。

緊急発進回数の増加のため、パイロットの精神的肉体的負担は大変なものになっています。

※１　織田邦男「東シナ海で一触即発の危機、ついに中国が軍事行動」JBpress　平成28（２０１６）年６月28日

※２　赤外線センサを欺瞞《ぎまん》するために用いる使い捨てのデコイ（おとり弾）であり、主として赤外線誘導のミサイルから回避するために用いられる

平和安全法制で解決できなかった空のグレーゾーン問題

平成27年に成立した平和安全保障法制の論議の過程で先送りされた重要な問題があります。それは空のグレーゾーン問題です。

●日本の防衛法制では対領空侵犯措置に関する権限規定がない

前述のように、空自のパイロットは、警職法の準用による正当防衛と緊急避難は実施できますが、それ以上のことはできません。警職法に基づく正当防衛や緊急避難では相手機に対する先制射撃はできないのです。相手が射撃してくれば、それに対して反撃ができるのみです。

ミサイルなどの性能が良くなっている現状において、相手の先制射撃を受けることは撃墜されることを意味します。そのために、空自のスクランブルは2機で行うことになっています。1機が射撃されても後の1機で対処しようとしているのです。従って、相手の軍用機が強い意志を持って日本の領空を侵犯しようとする場合、自衛隊機が実力を行使して侵犯機を「退去」または「強制着陸」させることは困難になります。

権限規定がないということは、自衛隊機に領空侵犯措置の任務は付与しますが、武器を使用してまで領空から退去あるいは強制着陸させるべき強制的権限を与えないということになります。極端な言い方をしますと、スクランブルは実施させるが、領空侵犯されても退去させなくてもいいし、強制着陸させなくてもよいということになります。

この状況が続くと、いずれ日本の領空は頻繁に侵犯されてもおかしくない状況になるでしょう。これが日本の空の現実です。

●対策

対策として領空侵犯措置のために適切な権限規定を設けるべきです。

これは政治の責任です。政府が、「領空侵犯機に対する武器の使用は国際法及び国際的な慣例に従って実施する」という方針を決定すればいいのです。つまり、国際慣例上認められている「退去」または「強制着陸」させるための武器使用を認めることが必要です。以上の私の提案は国際法や国際的な慣例に則っています。空自のパイロットの苦しみは、日本独特のガラパゴス的で過度に抑制的な解釈に起因しています。

3　海におけるグレーゾーン事態への対処

海のグレーゾーン事態の例＝「戦争には至らない準軍事組織による作戦」

グレーゾーン事態の具体例を挙げてみましょう。中国は、「戦争には至らない準軍事組織による作戦（ＰＯＳＯＷ：Paramilitary Operations Short of War）」を遂行して、諸外国、特に米国の介入を排除しながら、目標の達成を追求しています。

準軍事組織とは、軍事訓練を受け、武装をした漁民が乗船する漁船団、監視船などの公船を運用する中国人民武装警察部隊海警総隊（中国海警局）などです。

ＰＯＳＯＷの特徴は、①軍事組織である軍隊（人民解放軍）を直接使用しないこと。そして軍隊は準軍事組織の背後に存在し、いつでも加勢できる状態にすること。②非軍事組織または準軍事組織が作戦を実行することです。

キャベツ作戦

ＰＯＳＯＷと密接に関係するキャベツ作戦を紹介します。

図5-2 「キャベツ作戦」

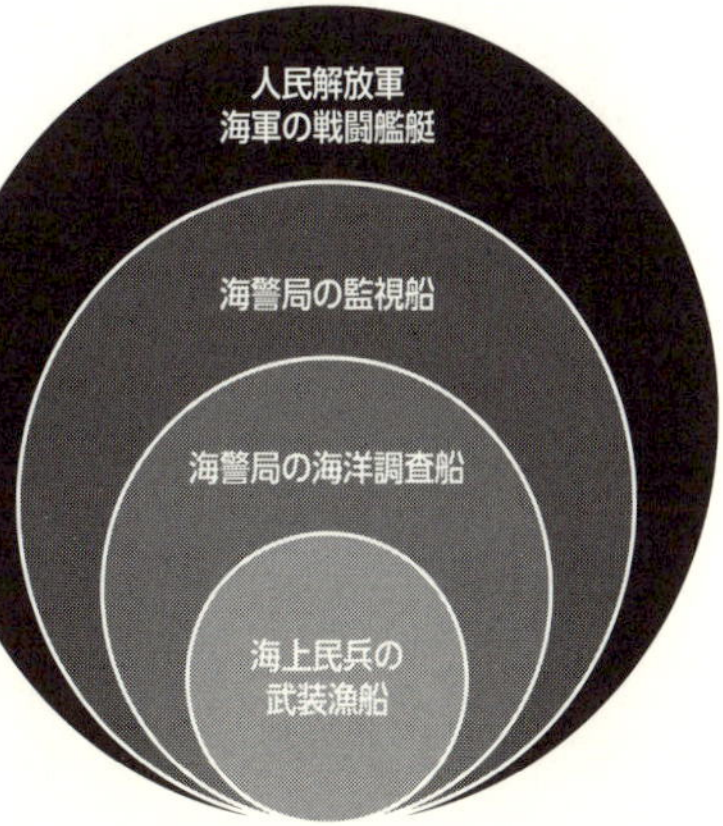

出典：筆者作成

キャベツ作戦は、他国の漁船や艦艇、離島などに対して実施します。まず中国の海上民兵が乗船した漁船団で他国の船・艦艇・離島などを取り囲み圧力をかけます（これがキャベツのいちばん内側の一皮）。次いでその周辺に海警局の監視船が取り囲み中国漁船を支援します（これもキャベツの中の一皮）。そして遠巻きに中国海軍の艦艇が目を光らせます（これがいちばん外側の一皮）。これがキャベツ作戦ですが（図５－２参照）、ＰＯＳＯＷの典型的な一例です。

「戦わずして勝つ」伝統を持つ中国は、直接的に海軍の艦艇を使用することなく、準軍事的手段を駆使した作戦を実践しています。

ＰＯＳＯＷの具体的な例として、尖閣諸島をＰＯＳＯＷで奪取しようとするケースを紹介します。

中国は、①まず２００隻を超える大量の漁船を尖閣諸島周辺に動員します。漁船には軍事訓練を受けた海上民兵が乗船します。海上保安庁の監視船のみでは人員数及び隻数の関係でこれに対応することが困難です。このことは、平成26（２０１４）年に小笠原諸島周辺に集結した２００隻以上の赤サンゴ密漁中国漁船への対応を見ても明らかです。②中国の海警局の監視船が漁船の活動を容易にするために介入してきます。海上保安庁の監視船と中国の監視船のにらみ合いが日本領海内で続きます。③漁船に乗船していた海上民兵が尖閣諸島に上陸し、占領していきます。この間、人民解放軍海軍の艦艇は領海外から事態を見守っています。


以上の過程で明らかなように、この作戦は軍事組織である人民解放軍の艦艇が直接的には参加していません。日本側から判断してこの事態は有事ではなく、平時――日本政府の言うところのグレーゾーン事態——であり、海上自衛隊は手出しができず、基本的には海上保安庁が対応することになります。つまり、海上民兵の日本領土に対する不法な占領を阻止することが困難なのです。

中国のＰＯＳＯＷは、日米に対して極めて効果的な作戦です。

まずＰＯＳＯＷは、日本の法的不備をついた作戦で、中国の軍隊による作戦でないがために有事と認定できず、自衛隊は手出しができません。この政府の言うところのグレーゾーン事態への対応こそ我が国にとって喫緊の課題ですが、現在の法体系では対処が難しい事態です。いくら「運用の改善で対処せよ」と言われても、法の不備がある限り対応には限界があります。だから、いわゆるグレーゾーン事態への法的整備が絶対必要なのです。

また、米国は、平時の作戦であるＰＯＳＯＷに対し、軍事的に対応することはできません。実際、南シナ海で繰り返されてきたＰＯＳＯＷに対し、米軍には打つ手がなかったのです。

従って、日本にとってもＰＯＳＯＷに対しては米軍の助けを期待できず、自ら対処するしかないのです。

4　陸におけるグレーゾーン事態への対処

治安出動

国内の治安維持の責任は基本的には警察にありますが、大規模な暴動や内乱が国内で起きる場合など、警察の能力を超える事態に際しては、内閣総理大臣から自衛隊に治安出動命令が下令されます。

治安出動には2種類あり、内閣総理大臣の命令による治安出動（「命令による治安出動」〔自衛隊法78条〕）と、都道府県知事の要請による治安出動（「要請による治安出動」〔同法81条〕）です。「要請による治安出動」の場合でも、自衛隊に出動を命じるのは内閣総理大臣です。

治安出動における自衛隊の武器使用については、警職法を準用しますが、出動自衛官による「武器の使用」は、正当防衛または緊急避難に該当する場合を除き、部隊指揮官の命令によらなければなりません。

なお、過去において、安保闘争、あさま山荘事件、オウム真理教事件などにおいて治安出動が検討されたことはありますが、実際に治安出動が発令されたことはありませんでした。治安出動が、破壊活動防止法とともに治安維持における「伝家の宝刀」と呼ばれるゆえんです。

治安出動においては防衛省と国家公安委員会との協力が不可欠ですが、昭和29（１９５４）年９月30日、当時の防衛庁長官と国家公安委員会委員長との間で９項目からなる「治安出動の際における治安の維持に関する協定」が締結されています。

平成12（２０００）年12月４日に協定は改正され、さらに平成14（２００２）年、各都道府県警察と陸上自衛隊師団等との間で、治安出動に関する現地協定が締結されています。

従来の協定は、暴動鎮圧を主として想定していましたが、現行の協定は武装工作員によるテロ、ゲリラへの対処を重視しています。

治安出動時には自衛隊単独でなく、警察と共同行動をとることが想定されているため、

図5-3 「自衛官に認められている武器の使用規定」

行動等の区分	法的根拠	武器の使用規定
対領空侵犯措置	自衛隊法 第84条	・正当防衛・緊急避難の要件に該当する場合
武器等の防護	自衛隊法 第95条	・武器等を防護するため合理的に必要と判断される限度 ・正当防衛・緊急避難
施設の警護	自衛隊法 第95条の2	・自己もしくは他人の防護のために合理的に必要と判断される限度 ・正当防衛・緊急避難の要件に該当する場合
警護出動	自衛隊法 第91条の2 第2・3項	・警察官職務執行法第7条の準用 （公務執行に対する抵抗抑止、自己もしくは他人の防護） ・施設が大規模な破壊に至るおそれがある場合に合理的に必要と判断される限度
治安出動下令前の情報収集	自衛隊法 第92条の5	・自己または自己とともに職務に従事する隊員の防護のために合理的に必要と判断される限度 ・正当防衛・緊急避難の要件に該当する場合
治安出動	自衛隊法第89条 第1項	・警察官職務執行法第7条の準用 （公務執行に対する抵抗抑止、自己もしくは他人の防護） ・警護する人などへの暴行・侵害を排除するに武器を使用するほか適当な手段がない場合
海上警備行動	自衛隊法第93条 第1項	・警察官職務執行法第7条の準用 （公務執行に対する抵抗抑止、自己もしくは他人の防護） ・海上保安庁法第20条第2項の準用 （停船命令に従わず逃走する船舶を停船させるための武器使用）
在外邦人等の輸送	自衛隊法 第94条の5	・自己または自己とともに職務に従事する隊員またはその保護下に入った輸送対象の人の防護のために合理的に必要と判断される限度 ・正当防衛・緊急避難の要件に該当する場合
弾道ミサイルの破壊措置	自衛隊法 第93条の2	・飛来する弾道ミサイルの破壊に必要な武器使用
防御施設構築措置	自衛隊法 第92条の4	・展開予定地域内において自己または自己とともに職務に従事する隊員の防護のために合理的に必要と判断される限度 ・正当防衛・緊急避難の要件に該当する場合
国民保護等派遣	自衛隊法 第92条の3 第2項	・警察官、海上保安官もしくは海上保安官補がその場にいない場合に限った警察官職務執行法第7条の準用 （公務執行に対する抵抗抑止、自己もしくは他人の防護）
防衛出動	自衛隊法 第88条	・我が国を防護するために必要な武力の行使

出典：筆者作成

２０００年代に入り都道府県警察と陸上自衛隊との共同訓練が実施されていて、今後とも両者の緊密な協力が重要になります。

部隊行動基準

自衛隊にとって、テロやゲリラへの対処で難しいのは、テロ活動の主体を軍人と認識するのか、民間人と認識するのかの問題です。相手によって武器使用の基準が違ってくるからです。

相手が軍人、軍隊であれば治安出動から防衛出動への移行も可能です。防衛出動であれば、武器の使用に関する多くの制限が取り払われ、より強力に相手の不法行動への対処が可能となります。

いずれにしても、第一線の自衛隊の武器使用等の対応行動を規定するのは総理大臣が承認した「部隊行動基準」であり、この「部隊行動基準」はシビリアンコントロールの象徴でもあります。

5　サイバー空間におけるグレーゾーン事態への対処

サイバー空間自体が非常にグレーな特色を持った空間です。サイバー空間は人工の空間ですが、米国はサイバー空間をグローバルコモンズと称して、人類にとって自由に開かれた空間として守るべきと主張しています。

一方、中国などは、サイバー空間を領土と同じように他国が侵すことのできない自国の空間であると主張しています。ですから中国では国外からの侵入を拒否するグレート・ファイアーウォールや侵入してきた相手に反撃するグレートキャノンなどのサイバー空間におけるシステムを構築しているのです。

サイバー空間は、海底ケーブル、コンピューター、ルーター、サーバーなどが作り出す人工の空間ですから、中国の主張をむげに否定はできませんが、自由で開かれたグローバルコモンズという考えのほうが妥当だと思います。

サイバー攻撃は犯罪行為と戦争行為の間にあるグレーゾーン事態

サイバー攻撃は犯罪行為と戦争行為の間にあるグレーゾーン事態ですが、対応は困難を極めます。なぜならば、サイバー攻撃における首謀者を特定することは難しく、仮に特定できたとしても首謀者は外国にいる場合が多く、逮捕したり処罰することができないからです。

右記の問題は、アトリビューションの問題と言われます。アトリビューションとは所属や帰属の意味ですが、サイバーセキュリティでは「誰がサイバー攻撃を行っているのかを特定する」という意味で使います。この犯人を特定することが非常に難しいのがサイバー空間における攻撃の特徴です。

冷戦時代は米国を中心とした西側諸国対ソ連を中心とした東側諸国の対立の構図が明確で、敵味方が明確でした。しかし、サイバー空間においては敵がはっきりしません。典型的な例がＤＤｏＳ攻撃（分散型サービス妨害：大量のデータを送り続けてサーバーなどをパンクさせること。ＤＤｏＳ：Distributed Denial of Service）です。

真犯人は自らの存在を隠すために多くの第三者のコンピューターやシステムを踏み台に使います。踏み台に使われた者（コンピューター）は、被害者からの報復攻撃を受けるかもしれません。つまり加害者と被害者から往復ビンタを受けるようなものです。DDoS攻撃の犯人を特定することは難しいのです。

サイバー攻撃の主体が国家（政府、軍隊や国家のサイバー組織など）であれば、その攻撃を戦争行為と断定し、こちらも軍隊が対応することが可能でしょうが、個人や組織が行うサイバー犯罪やサイバーテロであれば警察が対応することになります。

産業制御システムに対する攻撃

●イランの核施設攻撃のスタックスネット

制御システムに対する攻撃を議論する際には避けては通れないイランにおける実例があります。

2010（平成22）年9月、イランの核施設がスタックスネットと呼ばれるマルウェア[※3]によるサイバー攻撃を受けて、1000台ほどの遠心分離機が異常な行動（回転数の尋常でない増大など）を起こして危険な状況に陥ったのです。

多くの産業制御システムは、インターネットには接続されていないスタンドアローン

――他の機器に依存せず、単独で動作する状況――なシステムになっていてサイバーセキュリティ上は安全だとされていましたが、何者かが持ち込んだウイルスに感染したUSBメモリーを介して産業制御システムが感染・発症したのです。

このスタックスネットは、ドイツのシーメンス社の制御システムのみを自動的に探索し、システムに異常をきたすように設計されていました。

この事例には三つの教訓があります。第一にサイバー攻撃に国家が関与する場合があるということです。このスタックスネットは、あまりにも巧妙に作成されていたために個人ではなく国家の介入が疑われ、その国家とは米国とイスラエルであると言われていますが、真相はやぶの中です。

第二の教訓は、システムがインターネットに繋《つな》がっていなくても、悪意のある人間が介在するとサイバー攻撃は可能だということです。

第三の教訓は、サイバー攻撃は諜報活動と密接に連携しているということです。サイ

※３　不正かつ有害な動作を行う意図で作成された悪意のあるソフトウェアや悪質なコードの総称

バー攻撃側は、イランが使用している制御システムに関する正確な情報を把握していますし、ウイルスに感染したUSBを持ち込む人を獲得することは諜報活動の成果です。

なお、産業制御システムのすべてが完全なスタンドアローンではなく、そのシステムのインターフェースに汎用OS（例えばWindows）が用いられている場合には、外部のインターネットにも繫がっていることを知っておくことは重要です。

この産業制御システムに対するサイバー攻撃を戦争行為と認定するか否かは議論の分かれるところだと思います。やはりグレーゾーンと言わざるを得ないでしょう。

第6章

複合事態対処——2020東京オリンピックのケース

1　複合事態とは何か

日本人は今、内憂外患《ないゆうがいかん》が絶えない困難な時代を生きています。内憂については、我が国は1000年に一度の地殻変動の大激動期にあります。我々は、阪神淡路大震災や東日本大震災等を経験しましたし、今後も首都直下地震及び南海トラフ大震災はほぼ確実に発生します。我々は発生確率の高いこれらの大震災が引き起こす未曾《みぞう》有の危機に備えなければならず、大震災に対処できる強靭《きょうじん》な社会、強靭なインフラを構築する必要があります。

外患は、我が国を取り巻く厳しい安全保障環境であり、より具体的には中国、ロシア、北朝鮮の存在です。最大の脅威は中国であり、急激な経済発展を遂げ世界第2位の経済大国に上り詰め、世界第2位の軍事費を誇ります。そんな中国は、富国強軍を選択し、2050年までに世界一の強国を目指しています。アジア地域から米国を追い出し、この地域の覇権大国になろうとしています。その表れが、東シナ海や南シナ海における領土要求を絡めた強圧的な態度です。

日本に対しては、歴史的な恨みを背景とする敵対的な政策や言動が目立ちますが、特に尖閣諸島問題に関しては、中国人民武装警察部隊海警総隊（海警局）の公船が領海侵犯を繰り返す一方で、中国軍戦闘機は、いつ不測の事態が起こってもおかしくない、極めて危険な行動を繰り返しています。

ロシアは、ウラジーミル・プーチン大統領のもとで、強いロシアの復活を目的として急速な軍事力の増強を推進し、クリミア併合やウクライナ東部での軍事力行使、シリアでの乱暴な軍事活動を繰り返してきました。我が国の北方領土の返還要求にも依然として応じていませんし、同地域における軍事拠点化を進めています。

北朝鮮は、金正恩《キムジョンウン》独裁体制のもとで核・弾道ミサイルを放棄する可能性は低く、特に日本に対しては敵意むき出しの言動をとっていて、その脅威を無視することはできません。

筆者が最も恐れる最悪のシナリオは、同時に生起する複合事態です。

平成23（２０１１）年に発生した東日本大震災は、同時に複数の事態が生起する複合事態でした。当時の自衛隊は、地震、津波、原子力発電所事故に同時に対処する必要に

図6-1　「同時に生起する複合事態」

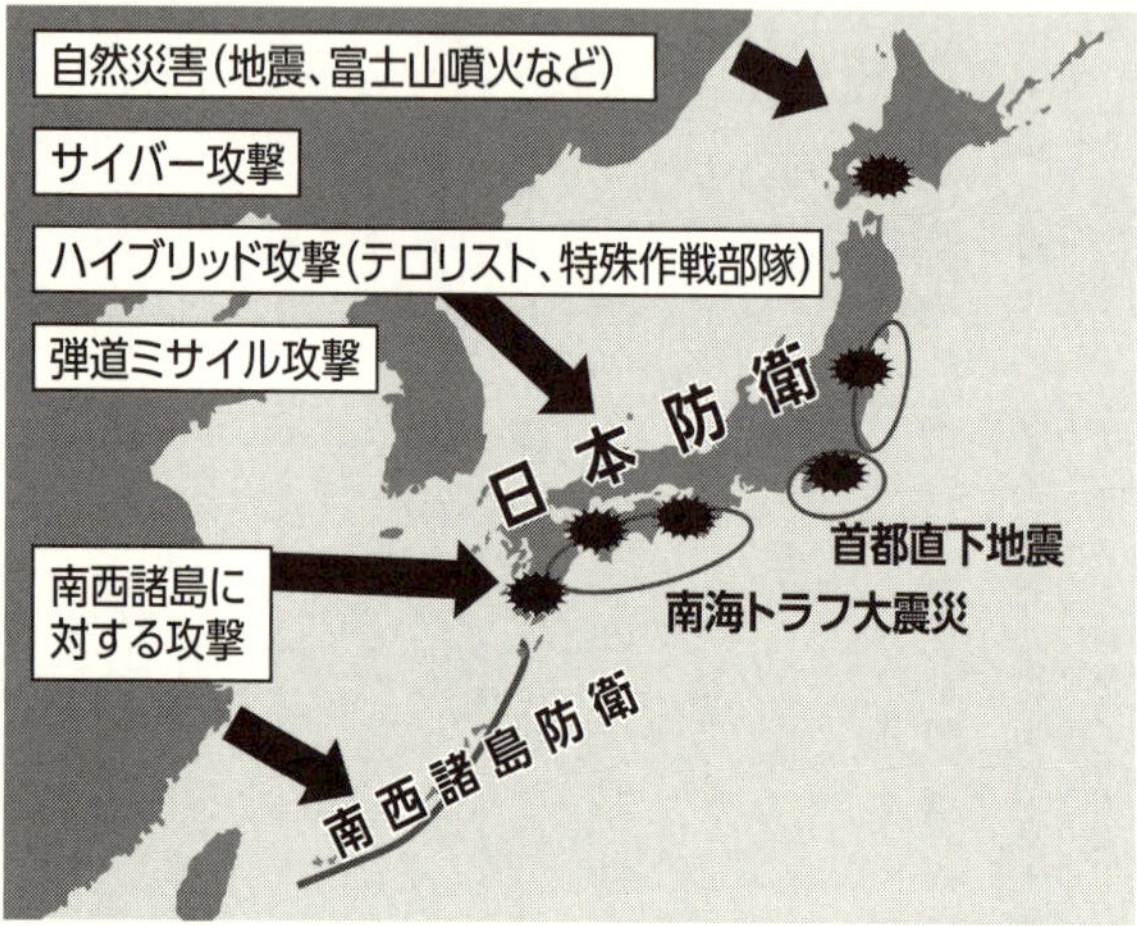

出典：筆者作成

迫られたうえ、活発化する周辺諸国の情報偵察活動への対処も続けなければいけませんでした。多くの日本人は気づかなったかもしれませんが、当時、自衛隊が大震災対処で忙殺されている際に、その自衛隊の警戒態勢を試すかのように周辺諸国（特に中国とロシア）が軍事偵察を活発化させました。

その姿勢には強い憤りを感じたものですが、この厳しい状態が我が国周辺の安全保障環境であると改めて実感し、気を引き締めたことを思い出します。

筆者が恐れる「同時に生起する複合事態」の一例は東京オリンピック関連の複合事態です。周知のとおり、２０２０年に東京オリンピックが開催されますが、それに備えてテロやサイバー攻撃への対策が議論されています。しかし、オリンピック直前、あるいは開催中の首都直下地震の発生及び対処は考えられているでしょうか。

筆者が恐れる同時複合事態は、首都直下地震（または南海トラフ大震災）の発生に連動した日本各地でのテロ活動、もしくは、尖閣諸島など日本領土の一部占領です。この最悪シナリオは、３・11東日本大震災の経験に基づく私の実感です。

この最悪シナリオを想定して作成されたのが、以下で紹介する政府の「セキュリティ基本戦略」や「テロ対策推進要綱」です。こと細かに各種対応が考えられていて、この対策で多くの事態に対処できるかもしれません。しかしながら、防げない事態に遭遇する可能性はあります。同時複合事態への対応は難しいのです。

図6-2　「2020年東京大会に向けたセキュリティ基本戦略」

基本的な考え方

1　大会の安全・円滑な準備及び運営、継続性の確保

2　テロ等の未然防止とサイバー攻撃によるものも含めた緊急事態への的確な対処

総合的な態勢の確立

セキュリティ調整センター（仮称）

⇒ 大会期間中、内閣官房に設置

- 官邸内に24時間の連絡態勢を確保
- 関係機関間の必要な活動調整及び情報共有を推進
- 重大事案発生時は官邸対策室等による対処に移行

情報収集・分析の強化

セキュリティ情報センター

⇒ 平成29年7月、警察庁に設置

- 大会の安全に関する情報を集約し、脅威及びリスクの分析・評価を実施
- 関係機関等に対し必要な情報を随時提供

主な対策

- 競技会場等の安全の確保
- アスリート、観客等の安全安心の確保
- 重要サービスの継続性確保
- 水際対策の強化
- 重要施設、ソフトターゲット等の警戒警備の強化
- テロリストに武器等を入手させないための取組の強化
- サイバーセキュリティ対策の強化
- 国際連携の強化
- 自然災害への対応
- 緊急事態対処能力の強化

配慮事項

・市民生活や社会経済活動への配慮　・継続的な検討

・他の作業グループ等との連携

出典：セキュリティ幹事会

2　2020東京オリンピックに向けた政府の「セキュリティ基本戦略」

私の手元に「2020年東京オリンピック競技大会・東京パラリンピック競技大会に向けたセキュリティ基本戦略（Ver.1）」というペーパーがあります。平成29（2017）年3月21日に政府の一組織である「セキュリティ幹事会」が作成したものです。このペーパーを使い、東京オリンピックに関連する複合事態を説明したいと思います。

基本戦略の概要を説明した図6－2「2020年東京大会に向けたセキュリティ基本戦略」をご覧ください。「主な対策」の項には、競技会場・アスリート・観客の安全確保、重要サービスの継続性確保、重要施設やソフトターゲットの警戒防護、サイバーセキュリティ対策、自然災害への対応、緊急事態対処能力の強化などが列挙されています。まさにこれらが、同時に生起する複合事態への対処戦略になっています。

情勢認識

イスラム過激派等によるテロ事件が世界各地で続発するなか、我が国に対するテロの脅威が現実のものとなっています。また、極左暴力集団や右翼等による違法事案の発生も懸念されます。このほか、我が国の政府機関、民間事業者、重要インフラに対するサイバー攻撃の脅威も深刻さを増し、地震・台風・豪雨をはじめとする各種自然災害により、円滑な大会運営に影響が生じる事態も懸念されます。

過去のオリンピックにおいて、ミュンヘンやアトランタでテロ・ゲリラ事件が発生したほか、ソウル大会の前年には、大会の妨害を狙ったとみられる北朝鮮による航空機テロが発生しています。我が国においても、大会を狙った国際テロ等の発生が懸念されます。

そのため、大会の安全・円滑な準備及び運営並びに継続性が確保され、アスリート、観客及び国民が安心して大会を楽しむことができるよう、各種施策を総合的かつ計画的に推進することで、セキュリティ対策に万全を期す必要があります。

そこで、「セキュリティ幹事会」において、大会のセキュリティ確保のために必要となる基本的な考え方、総合的な態勢、主な対策、配意事項等を基本戦略として取りまとめ、今後、定期的に関連施策の進捗状況を確認するとともに、本戦略の内容を見直します。

基本的な考え方

政府の一組織である「セキュリティ幹事会」は、大会組織委員会、東京都及び競技会場のある地方公共団体とも緊密に連携を図りつつ、一体となって、以下の考え方に則った対策を推進します。

●大会の安全・円滑な準備及び運営並びに継続性を確保します。それとともに、アスリート、観客等の安全も確保します。

●我が国における、テロ等の未然防止対策を徹底します。そしてサイバー攻撃によるものを含めて緊急事態が発生した際の備えにも遺漏《いろう》なきを期します。

総合的な態勢の確立

大会期間中において関係機関の連携を確保します。そのうえで、大会組織委員会、東京都及び競技会場のある地方公共団体等との緊密な連絡・調整を図るため、内閣官房に「セキュリティ調整センター（仮称）」を設置します。

セキュリティ調整センターでは、総理大臣官邸内において24時間必要な情報を受けるための態勢を構築します。そのほか、内閣危機管理監がシニア・セキュリティ・コマンダーの補佐を得て、関係機関間の必要な活動調整及び情報共有を図ります。

情報収集・分析の強化

国内外やサイバー空間における情報収集・分析、関係機関間の情報共有及び外国治安機関、情報機関等との情報交換を推進します。それとともに、セキュリティ対策に資する情報の提供を幅広く受けられるよう国民、民間事業者等の協力の促進を図ります。そのうえで大会の安全・円滑な準備及び運営並びにその継続性の確保に必要な情報の収集・分析を強化します。

さらに、「セキュリティ情報センター」において、国の関係機関の協力を得て、大会の安全に関する情報を集約します。そのうえで大会の安全に対する脅威やリスクの分析・評価を行い、関係機関等に対し必要な情報を随時提供します。

主要な対策

●競技会場等の安全の確保

競技会場及び選手村、メディアセンター等の重要非競技会場（以下単に「会場」と言う）の安全を確保するため、大会組織委員会、会場所有者等と緊密に連携します。そして周辺の海上・沿岸警備、上空等における警戒監視、重要無線の電波監視等を含め、会場の警戒警備を強化します。

特に大会期間中は会場に多くの人や物が出入りすることから、入場資格のない者や危険物が会場に入ることを防ぐため、審査・点検の厳格化を図ります。

●アスリート、観客等の安全安心の確保

アスリート、観客等が安心して大会を楽しむことができるよう、大会組織委員会及び関係事業者と緊密に連携し、犯罪・事故の防止及び万一緊急事態が発生した際の被害最小化のための各種施策を推進します。その際、障害者・外国人にも十分な配慮を行うとともに、適時適切な情報提供に努めます。

また、要人の安全の確保にも万全を期します。

●重要サービスの継続性確保

大会の安全・円滑な準備及び運営並びに継続性を確保するため、大会運営に影響を与える可能性のある重要サービス事業者等及び大会組織委員会と緊密に連携します。

そしてサイバー攻撃を含むテロ等人為的な攻撃、自然災害及び機器障害等に対する耐性の向上、代替手段の確保、迅速《じんそく》な復旧の確立など、大会運営に支障を来さないための諸対策を促進します。

●水際対策の強化

我が国への人や物の流れの大幅な増加が予想される大会前や、大会期間中におけるテロリスト等の入国、そしてテロ関連物資の国内流入を阻止するため、水際関係機関間の情報共有や連携を強化します。それとともに、水際対策に資する事前情報の収集や分析の高度化を推進し、情報に基づく迅速・確実な手配を行います。そのほか、国際空海港における入国審査・税関検査の厳格化や警戒監視の強化のために必要な人的・物的体制の整備を推進します。

●重要施設、ソフトターゲット等の警戒警備の強化

政府関連施設、在外公館、原子力関連施設等の重要施設の警戒警備を強化します。また、宿泊施設、空港・港湾・鉄道駅を含む公共交通施設、大規模集客施設等の施設管理者・事業者等と緊密に連携し、自主警備態勢の強化を促進します。それに加えて、各施設の保安対策を強化・徹底します。

●テロリストに武器等を入手させないための取組の強化

銃砲や火薬類を取り扱う個人や事業者に対する各種法律に基づく規制や指導を徹底します。また、爆発物原料、毒劇物、病原体・毒素、放射性物質等の取扱事業者等に対して、保管・管理の徹底等の指導の強化を行います。そのほか、取扱施設に対する立入検査等の徹底も図ります。さらに、爆発物の原料となり得る化学物質の販売事業者に対しては、不審な購入者に関する通販や販売時における本人確認の徹底等の働きかけを強化します。

●サイバーセキュリティ対策の強化

政府における重要インフラ事業者等の情報セキュリティ対策を着実に推進します。それとともに、大会運営に影響を与える可能性のある重要サービス事業者等各関係主体におけるサイバーセキュリティ上のリスク評価及びそれにより明確となったリスクへの対策を促進します。

また、サイバーセキュリティに係わる脅威とインシデント情報の共有等を担う中核的組織として、オリンピック・パラリンピックCSIRT[※1]を構築し、その運用を図ります。このような、事案発生の未然防止及び発生時における迅速かつ的確な検知・対処のために必要となる体制の構築・強化を図ります。

●国際連携の強化

「国際組織犯罪防止条約」締結のための国内担保法を整備して、この条約の締結を目指します。そして、国際的な枠組みへの参画をさらに充実させ、国際社会と連携してテロ、組織犯罪、サイバー攻撃等を未然に防止します、加えて、それらに対処するための継続的な取組を推進します。

また、テロ対策協議やＯＤＡを通じ、諸外国におけるテロ対処能力の向上を支援します。そのほか、人的交流の拡充や穏健主義の促進等に向けた連携の強化等により暴力的過激主義対策に積極的に関与します。

●自然災害への対応

首都直下地震、台風、豪雨をはじめとする各種自然災害の発生に備え、大会関係施設や周辺の公共交通施設等の防災・減災の取組を推進します。そのほか、災害関連情報発信の強化、障害者・外国人にも十分配慮した避難誘導体制、救急医療体制の確保等も推進します。

※1　CSIRTはコンピューター・セキュリティ・インシデント対応チームのこと。Computer Security Incident Response Team

●緊急事態対処能力の強化

各種事案発生時における関係機関の円滑な連携を確保するための対処計画、現場における情報共有のあり方、テロ等が発生した場合に被害を最小化するための医薬品の備蓄、被害者の救助・搬送、医療提供のあり方等の検討を進めます。

また、テロや大規模自然災害等の対処に当たる関係機関の体制・装備資機材を充実強化するとともに、各種事案を想定した共同対処訓練を実施するなど、緊急事態対処能力の強化を図ります。

3 「2020年東京オリンピック競技大会・東京パラリンピック競技大会等を見据えたテロ対策推進要綱」

国際組織犯罪等・国際テロ対策推進本部が、平成29年12月11日に決定した「テロ対策推進要綱」をベースに、2020年東京オリンピック・パラリンピックにおいて、「セキュリティ幹事会」のとるべき「対策」を考えてみました。

情報収集・集約・分析等の強化

・イスラム過激派等に関する情報収集・集約・分析等の強化
１「国際テロ情報収集ユニット」等の活動の拡大・強化
２「国際テロ対策等情報共有センター」の活用
・サイバー空間上の関連情報収集・分析に必要な体制等の充実
・情報収集衛星の活用による情報提供機能の強化
・「セキュリティ情報センター」による取組の推進情報等の充実

水際対策の強化

・出入国管理・税関体制の強化
・水際情報の収集・分析の強化等
１　航空会社が保有する旅客の予約や搭乗手続きに関する情報（ＰＮＲ）[※2]等の積極的活用に向けた国際的協力を進めるための、２国間や国際的な枠組みでの働きかけ

・先端技術等の活用と合同訓練等の実施

ソフトターゲットに対するテロの未然防止

・ソフトターゲット対策の強化

1　施設管理者との連携や訓練の実施、必要な警戒警備体制の構築等

・事業者に対する取組の推進

1　事業者に対し、①意識向上と取組体制の構築、②「見せる警戒」等の推進、③テロ対策に適した環境、資機材等の整備の働きかけ

・車両突入テロ対策の推進

1　イベント等における自主警備の強化、車両突入の物理的阻止、レンタカー事業者への働きかけ

・空港ターミナルビルの警備体制の強化

1　監視カメラによる先進的警備システムの導入促進

重要施設の警戒警備及びテロ対処能力の強化

・警戒警備の徹底及び共同訓練等の推進

１　地方公共団体に対するテロを想定した国民保護共同訓練の実施要請

・テロ等発生時の救護体制の強化

１　テロ等による外傷の治療を担う外科医の養成、テロ等に対する医薬品の供給体制の整備

２　多数傷病者の搬送体制の整備、搬送先病院の安全確保方策の推進

３　事件現場医療派遣チーム（ＩＭＡＴ）[※3]の協定締結医療機関の拡大及び合同訓練の推進

・航空保安対策の強化

１　ボディスキャナー等の先進的な保安検査機器の導入推進による航空保安検査の高度化

※２　Passenger Name Record
※３　Incident Medical Assistance Team

官民一体となったテロ対策の推進

・官民協働対処態勢の強化

1　インターネットカフェ等の事業者への身元確認等徹底の要請

2　民泊サービスの適正な運営の確保、違法民泊の取締りの徹底

3　「海上・臨海部テロ対策協議会」における官民連携の推進

・国内の外国人コミュニティとの連携強化

海外における邦人の安全の確保

・情報発信・注意喚起等の強化

・国際協力事業に係わる安全対策の推進

1　「国際協力事業安全対策会議」を通じた安全対策の推進

テロ対策のための国際協力の推進

・東南アジア地域に拡大するテロの脅威への対応

１　総合的なテロ対策強化策として、東南アジア各国の①テロ対処能力の向上、②暴力的過激主義対策、③社会経済開発のための取組を推進

・国際社会と緊密に連携したテロ対策の推進

１　国際組織犯罪防止条約等の枠組みを活用するなどした関係国間のさらなる連携強化や情報共有の推進

４　ＮＡＴＯが実施した「複合事態シナリオにおけるサイバー演習※4」

我が国の複合事態におけるサイバー攻撃への対応を考える際に、北大西洋条約機構（ＮＡＴＯ：North Atlantic Treaty Organization）が実施したサイバー演習は参考になります。

ＮＡＴＯは、２０１８（平成30）年４月下旬エストニアの首都タリンで、世界最大規

※4　CCDCOE（NATO Cooperative Cyber Defence Center of Excellence), More than 1000 cyber experts from 30 nations took part in Locked Shields

模のサイバー防衛演習「閉じられた盾（Locked Shields）」を行いました。世界30ヵ国（日本含む）からサイバー専門家約1000人が演習に参加しました。

演習の舞台になったエストニアはサイバー先進国で、国連のランキング（グローバル・セキュリティ・インデックス）では世界第5位です。

エストニアがサイバー先進国になった契機は、エストニアが2007（平成19）年に受けた世界初の大規模サイバー攻撃です。DDoS攻撃により、エストニアの銀行、情報通信インフラ、政府機関、メディアなどが大混乱になりました。エストニアのタリンは、このサイバー攻撃を契機として2008（平成20）年に「NATOサイバー防衛センター」を誘致し、NATOのサイバー演習のメッカとなりました。

今回の演習の特徴は、サイバー攻撃を含む複合事態です。実戦的なサイバー演習の目的は、①どのレベルで情報を共有すべきか、②誰が決心をし、指令を与える権限を持っているのか、③法的な課題は何かなどを明らかにすることでした。

サイバー演習では、官民参加者による対抗部隊「赤チーム」により、市民生活に死活的に重要なインフラ（銀行、空港、駅、発電所、水道施設、第四世代移動通信システム、医療機関）、無人機（ドローン）への攻撃がなされました。「赤チーム」のサイバー攻撃から防御するのはＮＡＴＯやＥＵの加盟国から編成された22個の「青チーム」で、丸二日間戦い、「青チーム」はＩＴシステムと重要なインフラを守りきりました。

演習中、一時は電力網への攻撃で半数以上のシステムがダウンし、大規模停電が発生する場面もありました。その停電の発生状況ですが、「赤チームがマルウェアの添付されたメールを電力会社に送付↓電力会社の社員が添付ファイルを開封↓変電所の制御システムがウイルス感染↓制御システムが誤作動↓大規模停電発生」というものです。

水道施設へのサイバー攻撃でも制御システムが乗っ取られ、貯水場の水道水消毒に使われる塩素量が不正に操作され、制御できなくなり、水質汚染で発病する市民が続出しました。

ライフラインを監視するドローンも操縦不能になり、インフラ破壊による不満が爆発して混乱は暴動に発展し、最終的に反政府運動が発生しました。

この暴動に対して、「青チーム」の政策決定者が、被害実態を調査のうえ法的に判断、暴動を鎮圧し、その状況をメディア発表するシミュレーションも行われました。

暴動から反政府運動へのエスカレーションは、欧州らしいシナリオで、例えばエストニア国内にはロシア人が多く、反政府運動に発展しやすい国内政治状況を反映しています。

このNATO演習を100%日本に適用することはできません。なぜならば、日本の産業防御システムは欧米に比較してスタンドアローンな設計になっていて、サイバー攻撃に対して欧米よりも強靭だと主張する人々がいるからです。しかし、一方で、日本の産業防御システムは最近Windows をOSに使っているものもあり、決してスタンドアローンではなく、サイバー攻撃に言われるほど強靭ではないという意見もあります。

いずれにしろ、複合事態を考えた場合、重要インフラに対するサイバー攻撃を無視するわけにはいかないでしょう。

第7章

あるべき危機管理態勢

我が国の危機管理態勢は、幾多の大規模自然災害、福島第一原発の事故、地下鉄サリン事件などを経験することによって改善されてきました。しかし、戦後70年以上経過しても変わらなかったのは憲法第9条であり、それに起因する非常に歪《いびつ》な安全保障論議です。

未だに国際標準の安全保障議論ができない我が国の状況を打破し、我が国を取り巻く厳しい安全保障環境を克服するためには、まず第9条の改正を実現しなければいけません。我が国のあるべき危機管理態勢は、第9条改正からスタートします。

平成30（2018）年は我が国の防衛において特筆すべき年になるかもしれません。米中の対立が米中貿易戦争と表現される状況になり、6月12日には歴史上初めて米朝首脳会談が行われました。これらの変化は我が国にも大きな影響を与えていますが、平成30年7月現在、防衛省や国家安全保障局（NSS）を中心として「防衛計画の大綱」の改定や「中期防衛力整備計画（中期防）」の改定に向けた準備が着々と進んでいます。さらに、自民党や政府の一部には、「国家安全保障戦略」の一部修正の動きも見られます。

これらの検討結果が平成30年年末までに発表される可能性があります。これらの動きが、我が国の危機管理態勢を望ましい方向に改善してくれることを期待します。

最終章では、「防衛計画の大綱」の改定に先行して、戦後70年間の危機管理上の根本問題を改善した「あるべき危機管理態勢」について考えたいと思います。

なお、この章は、私自身が議論に参加し一部を執筆した「日本防衛変革のための75の提案[※1]」の内容の一部を踏まえて記述することにします。

1　憲法第9条の改正を急げ

第9条によって日本の平和が守られてきたのではない

多くの護憲論者が「戦後70年間、日本の平和が守られたのは憲法第9条のお陰だ」と主張しますが、説得力がありません。「我が国独自の防衛努力と日米同盟のお陰で日本

※1　「日本防衛変革のための75の提案」『月刊　世界と日本　内外ニュースリベラルアーツシリーズ4』（内外ニュース）

の平和が守られてきた」というのが現実的な評価だと思います。反対に、「憲法第9条の存在のために、日本の安全保障は脆弱《ぜいじゃく》なものになっている」という解釈のほうが正しいと思います。

憲法の前文に「諸国民の公正と信義に信頼して、われらの安全と生存を保持しようと決意した」という有名な一節があります。この文章は日本語としておかしなもので、「公正と信義**に**信頼して」ではなく「公正と信義**を**信頼して」と修正すべきでしょう。

その内容もまたあまりにも理想主義的で現実的ではありません。現在の紛争や戦争が絶えない国際情勢は、「諸国民の公正と信義**を**信頼」できない十分な証拠となります。各国は、「諸国民の公正と信義**を**信頼」できないからこそ、独自の国防努力をしますし、他国との同盟を追求しているのです。

日本国憲法は平和主義の理想を掲げ、第9条1項で侵略戦争の放棄を宣言し、2項で陸海空の戦力不保持と交戦権の否認を規定しています。その結果、憲法上、自衛隊は軍隊ではなく、その規模は必要最小限の縛りがあり、行動においても必要最小限の武力の行使を義務付けられています。

一方、国際法上、自衛隊は軍隊であり、世界中で軍隊として認識されていて、国内と国外における自衛隊に対する認識ギャップには大きなものがあります。

従って、速やかに第９条を改正して、自衛隊を軍隊として認める必要があります。我が国の危機管理態勢を考えた場合、第９条の改正が出発点になります。

第9条の改正

第９条改正の議論が国会の場で議論されるようになったのは望ましいことですが、憲法改正の動きは停滞しています。国会議員は、国会で憲法改正の議論を正々堂々と実施し、立法府の一員としての責任を早急に果たすべきです。

●自民党の改正素案

自民党の条文案は、安倍晋三首相（党総裁）の提案に基づき、戦力不保持や交戦権の否定を定めた２項を含む既存の第９条を変更しないことを明確にしています。つまり、第９条とは別条扱いとなる〝第９条の２〟を新設しました。これは、２項の維持にこだわり「加憲」の立場を取る公明党に配慮したもので、安倍首相としては苦渋の選択だったでしょう。

そのうえで、自衛隊の定義は、現状維持となる9条の規定が「必要な自衛の措置をとることを妨げず、そのための実力組織」という表現に落ち着きました。自民党の改正素案は、以下の通りです。

第9条の2

（第1項）前条の規定は、我が国の平和と独立を守り、国及び国民の安全を保つために必要な自衛の措置をとることを妨げず、そのための実力組織として、法律の定めるところにより、内閣の首長たる内閣総理大臣を最高の指揮監督者とする自衛隊を保持する。

（第2項）自衛隊の行動は、法律の定めるところにより、国会の承認その他の統制に服する。

●自民党の過去の憲法草案

自民党は、過去において党としての憲法草案を作成していますから、第9条2項を残したままの自民党の改正素案に反対する人たちも多いのが現状です。自民党の憲法草案では「憲法に自衛隊の根拠法規を明記するために、現行の第9条2項を削除し、自衛隊や自衛権を明示する」ことになっています。この案は国際法上も瑕疵《かし》がない点でベストだと主張する人も多いのが現状です。

国際法の観点からの憲法解釈

憲法第９条の問題に関しては様々な意見がありますが、私がいちばん理解しやすかったのは東京外国語大学の篠田英朗《しのだひであき》教授が主張する国際法の観点からの憲法解釈です。ここでいう国際法とは、特に不戦条約[※2]と国連憲章のことです。以下、篠田教授の主張を彼のブログ[※3]と『日経ビジネス』の記事[※4]などを参考にしながら紹介したいと思います。

●憲法起草の目的

憲法起草の目的は、日本が二度と侵略国になることなく、国際法を遵守《じゅんしゅ》し、国際協調主義に基づいて行動する国にすることです。この意図と国際法に鑑みて日本国憲法を解

※２　第一次世界大戦後に締結された多国間条約で、国際紛争を解決する手段として、締約国間での戦争を放棄し、平和的手段で解決することを規定した
※３　篠田英朗ブログ、「平和構築」を専門にする国際政治学者、http://shinodahideaki.blog.jp/
※４　森英輔「９条は全面削除しても何の支障もない」『日経ビジネス』平成29（２０１７）年９月13日号

釈すべきです。

何よりも第9条の意味は国際法の遵守にある、と理解すれば、国際法に沿った体系的な解釈が可能になり、安定した解釈運用になります。

この解釈に基づけば、自衛権を行使する自衛隊が違憲になることはありません。国連平和維持活動（ＰＫＯ：Peacekeeping Operations）に参加するために不毛な議論をする必要もありません。

●第9条1項の戦争放棄

第9条1項は戦争放棄を規定しますが、日本国憲法の戦争放棄は、一部の憲法学者が主張する「日本国憲法に固有のもの」ではなく、不戦条約に署名した国、国連に加盟したすべての国が守るべき国際標準です。

なぜならば、不戦条約第1条には、「締約国は、国際紛争解決のため、戦争に訴えないこととし、かつ、その相互関係において、国家の政策の手段としての戦争を放棄することを、その各自の人民の名において厳粛に宣言する」と書かれているからです。

つまり、日本国憲法第9条1項の「国権の発動たる戦争と、武力による威嚇又は武力の行使は、国際紛争を解決する手段としては、永久にこれを放棄する」は、不戦条約第1条を踏襲したものであり、「日本国憲法に固有のもの」ではないのです。

●第9条を全面削除しても支障なし

第9条を全面削除しても何の支障もありません。特に、自衛隊は違憲か合憲かという神学論争の源となってきた2項はなくてよく、1項も日本国憲法前文と重複するので必要ありません。自衛権は、国際法と国連憲章に沿って運用すればいいのです。

ただ、我々は70年も9条の下で暮らしてきました。今、削除すると「何か下心があるのではないか」といらぬ警戒感を高めてしまいます。なので、現行のまま維持しても構わないと考えています。

●篠田教授の第9条3項案

篠田教授は、「第9条に3項を追加して自衛隊が合憲であると確定する」という安倍晋三首相の提案を「妥当なことだ」と評価しています。

篠田教授の第9条3項案は、「2項の規定は、本条の目的に沿った軍隊を含む組織の活動を禁止しない」です。「本条の目的」とは、二度と侵略国になることなく、国際法を遵守し、国際協調主義に則って行動することです。

憲法第9条に関する政府見解の問題

憲法第9条の趣旨についての政府見解の中で、「攻撃的兵器」「必要最小限度の武力の行使」「自衛権が行使できる地理的範囲」「交戦権」などは極めて抑制的なものになっています。そのため、日本の安全保障論議を国際的に通用しない歪なものにしてきました。政府の解釈の問題点を列挙します。

・「攻撃的兵器」——性能上もっぱら相手国国土の壊滅的な破壊のためにのみ用いられる兵器——を保有することは、いかなる場合にも許されない。

そもそも兵器を攻撃的兵器と防御的兵器に明確に区分することはできません。兵器は攻撃と防御の両方の特質を持っています。特定の兵器を無理に攻撃的兵器と規定すると、国防の柔軟性を失ってしまいます。

例えば、敵基地を攻撃可能なミサイルは普通の国では普通に保有していますが、我が国では保有がタブー視されてきました。

・「必要最小限度の武力の行使」が許容される。

そもそも、「必要最小限度の武力の行使とは何か」に関する明確な定義がありません。必要最小限度ばかりを強調していると、安全保障の中核概念である抑止の理論は成立しません。敵の攻撃に対して十分な反撃力がなければ抑止は成立しません。「必要最小限度の武力の行使」などと過度な自己規制をしているため、抑止が成立しにくくなるという問題が生じています。

・「自衛権が行使できる地理的範囲」：海外派兵は憲法上許されていない。

世界の平和と安定のために我が国の貢献が求められていますが、自衛隊の国際貢献活動は重要な要素になっています。

しかし、一部の野党や報道機関は、この「海外派兵は憲法上許されていない」を利用して、自衛隊の海外での活動に反対しています。あまりにも抑制された「自衛権が行使できる地理的範囲」は、我が国の国際貢献の足かせになっています。

・「交戦権」は、政府の解釈では「戦いを交える権利ではなくて、国際法上有する種々の権利の総称であり、相手国兵力の殺傷と破壊、相手国の領土の占領などの機能を含む」というものである。

一方で、政府の解釈に反対して、交戦権を文字通りに「戦いを交える権利」と解釈する者がいることも事実です。

2　専守防衛ではなく積極防衛（アクティブ・ディフェンス）へ

我が国の憲法は、平和主義の理想を掲げ、第9条に戦争放棄、戦力不保持、交戦権の否認を規定しています。そして平和憲法に基づく安全保障の基本政策として、専守防衛、軍事大国にならない、非核三原則などが列挙されています。これらの安全保障上極めて抑制的すぎる言葉、特に専守防衛が日本の安全保障論議を極めて歪なものにしてきましたが、専守防衛では日本を守ることはできません。

専守防衛は戦後日本の不毛な安全保障論議の象徴

我が国は先の大戦における敗戦後、日本国憲法が施行されてから、世界でも類のない極めて不毛な安全保障議論を繰り返してきました。その象徴が「専守防衛」という世界の常識ではありえない政策です。

「専守防衛」とは、「相手から武力攻撃を受けた時に初めて防衛力を行使し、その態様も自衛のための必要最小限にとどめ、また、保持する防衛力も自衛のための必要最小限のものに限るなど、憲法の精神に則った受動的な防衛戦略の姿勢をいう」と定義されています。一般の国民は、専守防衛に関するこの定義を知らないと思います。

専守防衛という言葉を文字通りに解釈すると「もっぱら防衛する」ということで、「攻撃しない」ということです。「もっぱら防衛する」という政策は、軍事的には「百戦百敗」の政策です。

柔道でもボクシングでも明らかなように、「もっぱら防御のみ」で攻撃をしなければ敗北は明らかです。敵は、もっぱら防御しかしない相手に対して勝利することはたやすいことです。なぜならば、安心して攻撃を続けることができるからです。ボクシングでも柔道でもスポーツはすべてそうですが、防御のみの戦法は必ず負けます。やはり、攻撃と防御のバランスが大切です。防御のみは軍事の世界では考えられません。極めて不適切な政治的な用語です。

専守防衛を国是とする限り、抑止力（敵の攻撃を防ぐ力）は脆弱なものになるのは必至で、抑止力を米軍に依存せざるを得ません。自衛隊単独では中国や北朝鮮の脅威に対抗できず、米軍の助けが不可欠だからです。

そもそも、我が国の政治の世界においては、「専守防衛は国是だ」ということになっていますが、この非論理的な政策を国是にしてはいけません。

「積極防衛」への政策転換が急務

抑止及び対処の観点から非常に問題の多い専守防衛ではなく、「積極防衛」を政策として採用すべきです。積極防衛は、「相手から武力攻撃を受けた時に初めて必要な防衛力を行使して反撃する」という防衛政策です。

つまり、「日本は先制攻撃はしませんが、相手から攻撃されたならば、自衛のために必要な防衛力で反撃しますよ」という防衛政策が「積極防衛」です。即ち、専守防衛の定義で使われている「防衛力の行使を自衛のための必要最小限にとどめ」とか「保持する防衛力も自衛のための必要最小限のものに限る」などという、過度に抑制的な表現を使いません。単純に「自衛のために必要な防衛力で反撃する」という表現が妥当です。

参考までに記述しますと、日本の最大の脅威になっている中国人民解放軍の伝統的な戦略が「積極防御」です。中国の国防白書『中国の国防　２００８』（中国国務院）では積極防御について、「積極防御戦略が中国共産党の軍事戦略の基本であり、戦略上は防御、自衛及び後発制人（攻撃された後に反撃する）を堅持する」と定義されています。つまり、私が主張する「積極防衛」と意味は同じです。

中国が積極防御と主張するのですから、日本が「積極防衛」を主張したとしても、中国は日本の「積極防衛」を非難することはできません。

今後、専守防衛ではなく、積極防衛に基づく作戦・戦術の具体化、それに基づく訓練の実施、装備品の研究・開発を行うべきです。

自衛隊と米軍の役割が「盾と矛」のみでは今後は通用しない

バラク・オバマ大統領（当時）は、「米国は世界の警察官ではない」と発言し、米国の国際的な地位の低下を認めました。そして、ドナルド・トランプ大統領もまた、「各国は自らの責任で国防努力をすべきだ」という立場で、アメリカ・ファーストを公約とし、世界の警察官としての米国の役割を認めていません。

トランプ大統領は、日本に対しても自立を求めています。今までのように米軍が攻撃機能である矛《ほこ》の役割を果たし、自衛隊は防御の機能である盾の役割を果たせばよいという時代は過ぎ去ったと理解すべきでしょう。

自衛隊は、常に盾の役割を担うのではなく、ある時は矛の役割を果たさなければいけない時代になったと認識すべきです。我が国のより自律的な防衛努力が求められています。

3　敵基地攻撃能力を保有せよ

敵基地攻撃能力の保持は憲法上許される

左翼政治家や一部のメディアは、自衛隊が敵基地攻撃能力を持つことに反対しています。しかし、過去において、「我が国土に対し、誘導弾等による攻撃が行われた場合、他の手段がないと認められる限り、誘導弾等の基地をたたくことは、法理的には自衛の範囲に含まれ、可能である」という政府答弁[※5]がなされています。

ですから、堂々と敵基地攻撃能力を持つべきで、その能力がないと敵に対する懲罰的抑止は効きません。

自衛隊は現段階では敵基地攻撃能力を保有していない

敵基地攻撃能力は憲法上可能ですが、現段階において自衛隊は、敵基地を攻撃できる能力を持っていません。北朝鮮や中国から弾道ミサイルの攻撃を受けたとしても反撃する能力を持っていないのです。反撃能力は米軍に頼るというのが建前です。

自衛隊は、長距離戦略爆撃機、攻撃型空母、大陸間弾道ミサイル（ＩＣＢＭ）を持っていません。Ｆ－２やＦ－15に敵基地を攻撃して帰ってくる能力はありません。

※5　鳩山一郎内閣総理大臣答弁を船田中《ふなだなか》防衛庁長官が代読、衆議院内閣委員会、昭和31（１９５６）年2月29日

つまり、相手が日本を攻撃しても反撃する能力がないのです。日本単独では、敵の攻撃を抑止する能力を持っていないということです。

安全保障の本質は戦争を抑止することですから、抑止力を持たないということは安全保障上の致命的欠陥となります。

ですから、最近は敵基地攻撃能力の整備が計画されているのです。

4　スパイ防止法の制定と諜報機関の充実

スパイ防止法の早急な制定を

我が国はスパイ天国だと言われています。なぜならば、我が国にはスパイを取り締まる法律「スパイ防止法」がないからです。スパイ防止法がないということはスパイ罪の規定がないということです。

我が国では、国家の重要な情報や企業等の情報が不法に盗まれたとしても、その行為をスパイ罪で罰することができないのです。スパイ行為をスパイ罪で罰することができない稀有《けう》な国が日本なのです。

初代内閣安全保障室長を務めた佐々淳行《さっさあつゆき》氏は、警視庁公安部や大阪府警警備部などで北朝鮮、ソ連、中国の対日スパイ工作の摘発に当たってきましたが、月刊誌『諸君』（平成14〔2002〕年12月号　文藝春秋）で次のように述べています。「我々は精一杯、北朝鮮をはじめとする共産圏スパイと闘い、摘発などを日夜やってきたのです。でも、いくら北朝鮮をはじめとするスパイを逮捕・起訴しても、せいぜい懲役一年、しかも執行猶予がついて、裁判終了後には堂々と大手をふって出国していくのが実体でした。なぜ、刑罰がそんなに軽いのか――。どこの国でも制定されているスパイ防止法がこの国には与えられていなかったからです」

日本以外の国では死刑や無期懲役に処せられる重大犯罪であるスパイ活動を、日本では出入国管理法・外国為替管理法・旅券法・外国人登録法違反、窃盗罪、建造物（住居）進入などの刑の軽い特別法や一般刑法でしか取締れず、事実上、野放し状態なのです。

スパイ防止法がないために日本の軍事情報、最先端技術などが大量に盗まれているのではないかと私は危惧《きぐ》しています。そして、スパイの国籍は中国、北朝鮮、ロシアが主体でしょうが、民主主義国家のスパイもいるのではないかと思います。

国家の安全保障において、国家機密や防衛機密を守り、他国の諜報活動を予防し、対処することは自衛権の行使として当然の行為です。世界のどの国もスパイ行為を厳しく取り締まる法――スパイ防止法や国家機密法など――が存在します。それがスパイ対策の基本です。

繰り返しますが、日本以外のどの国でも、国家の安全保障を脅かすスパイには厳罰で臨んでいます。しかしながら、我が国でそれができないのです。

ちなみに、主要国のスパイ罪の最高刑は以下の通りです。米国（連邦法典794条＝死刑）、イギリス（国家機密法1条＝拘禁刑）、フランス（刑法72・73条＝無期懲役）、スウェーデン（刑法6条＝無期懲役）、ロシア（刑法典64条＝死刑）、中国（反革命処罰条例＝死刑）、北朝鮮（刑法65条＝死刑）。

日本の諜報機関の充実を

世界各国では、国外でも諜報活動を実施する米国の中央情報局（CIA）、中国の国家安全部（ＭＳＳ：The Ministry of State Security＝特に海外の最先端技術情報の窃取）、英国の情報局秘密情報部（ＳＩＳ：Secret Intelligence Service、いわゆるＭＩ６：Military Intelligence 6）、ロシアの連邦保安庁（ＦＳＢ＝ソ連時代に有名であったＫＧＢの後継組織。ウラジーミル・プーチン大統領は第四代ＦＳＢ長官）、ドイツの連邦情報局（ＢＮＤ）、イスラエルの諜報特務庁（モサド）などの有名な対外諜報機関が存在しますが、日本には国外で諜報活動を実施する機関は存在しません。

日本の諜報機関は国内で活動し、公安警察、公安調査庁、内閣情報調査室（ＣＩＲＯ：Cabinet Intelligence and Research Office「サイロ」）、防衛省の情報本部（ＤＩＨ：Defense Intelligence Headquarters）などが存在しますが、いずれも小規模（ＤＩＨを除く）で、国外での諜報活動、特に特殊工作（暗殺や破壊工作など）は行いません。

日本国内でスパイを取り締まる法律もなく、諜報機関も小規模であるために、日本はスパイ天国になってしまったのです。

5　戦略文書体系に関する改善提案

戦略文書として「国家安全保障戦略」「国家防衛戦略」「統合防衛戦略」を策定すべき

米国の戦略文書としては、大統領の「国家安全保障戦略（National Security Strategy）」、国防長官の「国家防衛戦略（National Defense Strategy）」、統合参謀本部議長の「国家軍事戦略（National Military Strategy）」があります。

一方、我が国の戦略文書としては、「国家安全保障戦略」「防衛計画の大綱」「統合運用構想」「中期防衛力整備計画」などがありますが、その名称と中身、ともに米国の文書とは違います。

米国の系統的な文書体系と比較します。まず「国家安全保障戦略」は日米で同じです。次いで、米国の「国家防衛戦略」に相当する文書をあえて挙げるとすれば「防衛計画の大綱」ですが、日米の文書名が違いますし、中身についても、防衛計画の大綱は「我が国の防衛力のあり方」と「保有すべき防衛力の水準」を規定しますが、どうしても防衛大綱別表[※6]が注目されがちです。

図7-1　「防衛諸計画の現状」

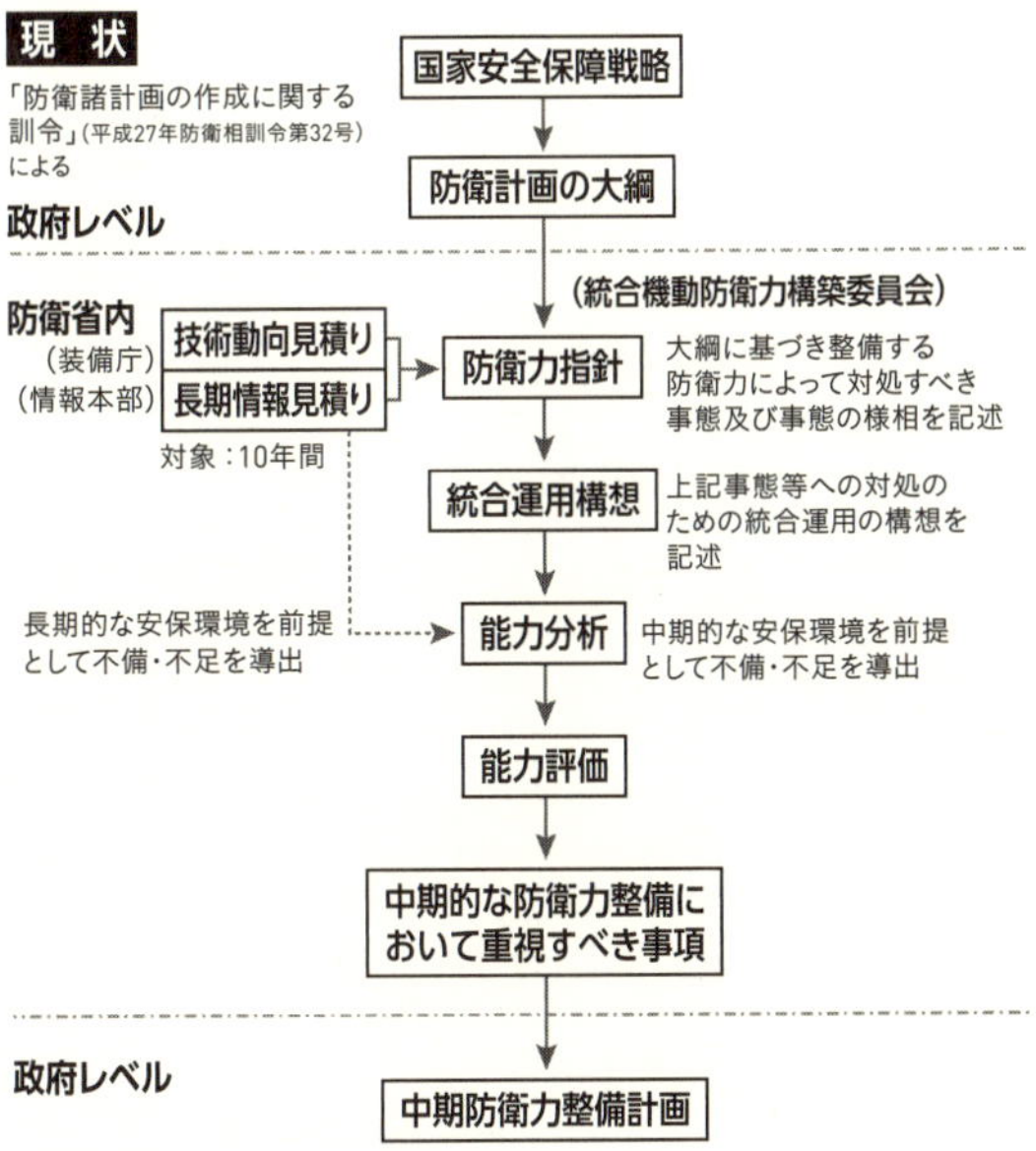

出典：日本防衛変革のための75の提案

そこで提案したいことは、防衛計画の大綱を防衛省が作成する「国家防衛戦略」の一部として吸収し、国家防衛戦略らしい充実した内容にすることです。

次いで問題になるのは、米国の統合参謀本部が作成する「国家軍事戦略」に相当する日本の統合幕僚監部の文書です。

統合幕僚監部は、統合

※6　陸・海・空自衛隊の防衛力整備目標である編成定数、基幹部隊数、主要装備数を示した表のこと

図7-2 「防衛諸計画のあるべき姿」

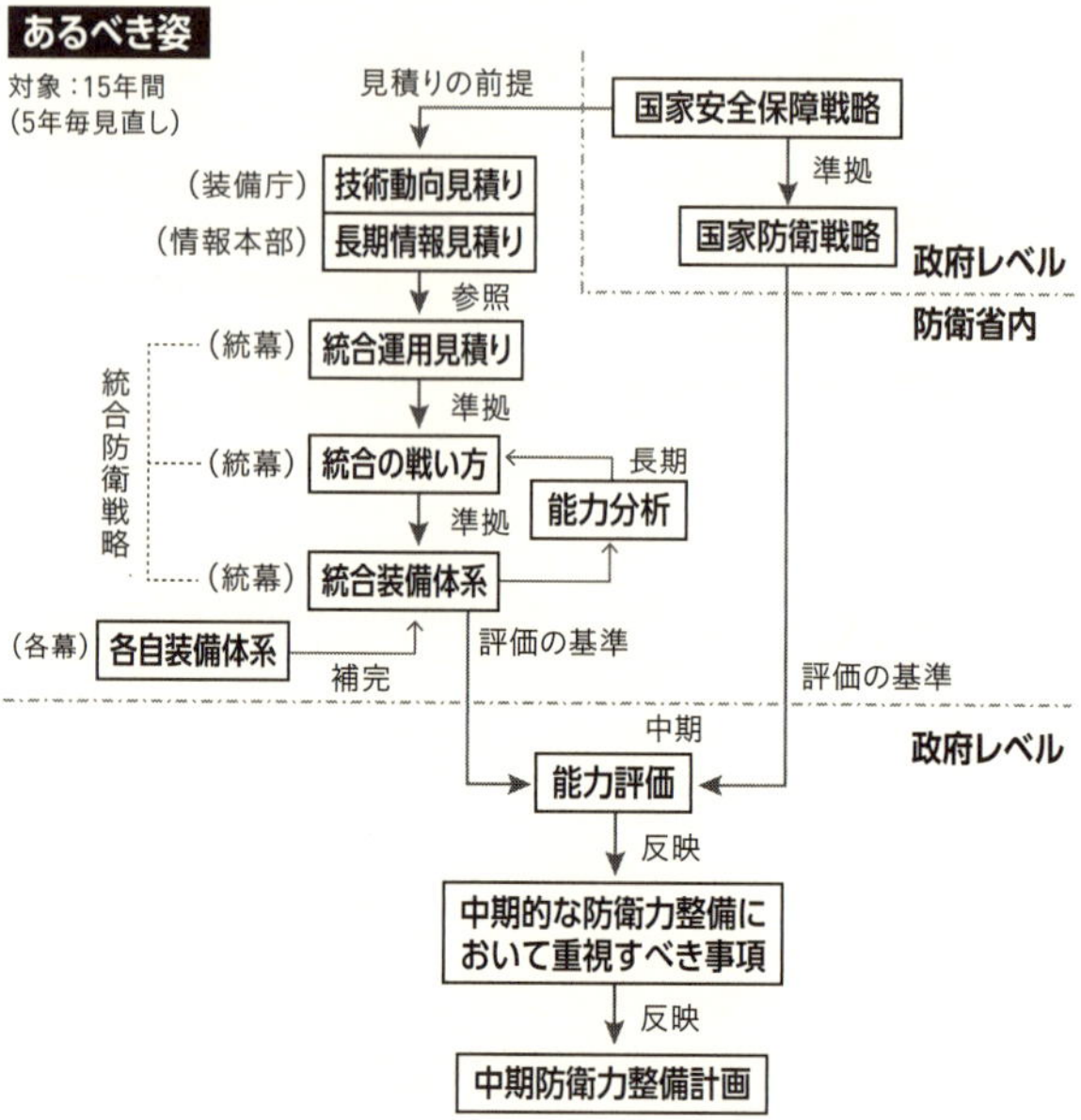

出典：日本防衛変革のための75の提案

戦略としての「統合防衛戦略」を作成すべきです。統幕は、「防衛力指針」「統合運用構想」「能力分析」「能力評価」を作成していますが、明確に「統合防衛戦略」と称する文書を作成していません。

以上述べた「国家安全保障戦略」「国家防衛戦略」「統合防衛戦略」の3文書を作成することを提案します。

6　自衛隊の電波運用上の制約を改善せよ

現状と課題

国際電気通信連合憲章の第48条において、国際電気通信連合加盟国の「軍用無線設備については完全な自由を保有する」と定められています。つまり、軍事目的の電波利用は原則的に何らの制限を受けないという規定になっています。

しかし、我が国においては、総務省が電波行政に関する業務を一元的に管理・実施することになっています。つまり、総務省が電波設備の許認可・登録、運用状況の監視、不具合の是正等を行うことになっているのです。

総務大臣から無線設備の電波使用の承認を受けるには長期間を必要とし、自衛隊でも承認されない場合があります。また、自衛隊に割り振られる占有周波数帯域幅が狭く、広い占有周波数帯域幅が必要な自衛隊の装備品の開発に悪影響を与えていますし、情勢緊迫時や有事において使用できる周波数が限定されます。

また、総務省は、不法な電波や電波干渉を監視、識別、対処する権限と責任を有しますが、日本の有事における、主体不明の意図的かつ敵対的な電波妨害に対処することは総務省の能力ではできません。

さらに、専守防衛や電波法の影響で、自衛隊の攻撃的電子戦能力の整備には制約があり、限定的な攻撃能力整備しかできません。

対策

情勢緊迫時や有事における柔軟な電波の使用承認や運用について、総務省、防衛省など関係機関が調整して「電波の利用に関する国家対処計画」を事前に作成しておくことが必要です。この計画において、自衛隊には作戦に必要十分な周波数を付与する必要があります。

専守防衛などの過度に抑制的な政策ではなく、作戦に必要な攻撃的電子戦能力の整備をすべきです。

⑦ 領域横断作戦（ＣＤＯ）[※7]と統合作戦能力の向上

我が国にとって最大の脅威である中国が、「２０５０年までに世界最強の国家になる」ことを目標に、軍事力の増強と近代化を推進中です。また、非核化を公言しながらも核兵器と弾道ミサイルを放棄しようとしない北朝鮮と北方領土を返還しようとしないロシアも、我が国にとっては警戒すべき国家です。

この厳しい安全保障環境のなかで、我が国が生き残るためには、強靭《きょうじん》かつ高度な統合作戦能力を有する自衛隊が必要です。自衛隊の統合運用の試みは、平成18年（２００６年）に統合幕僚監部の新設を契機とし、本格的に始まりましたが、改善の余地は多々あります。

科学技術の進歩に伴い、統合作戦とともに「領域横断作戦（ＣＤＯ）」の重要性が喧伝《けんでん》されています。領域横断作戦とは、六つの作戦領域（ドメイン）――陸・海・空・宇

※7　ＣＤＯはCross Domain Operationの略

図7-3　「六つの作戦領域（ドメイン）」

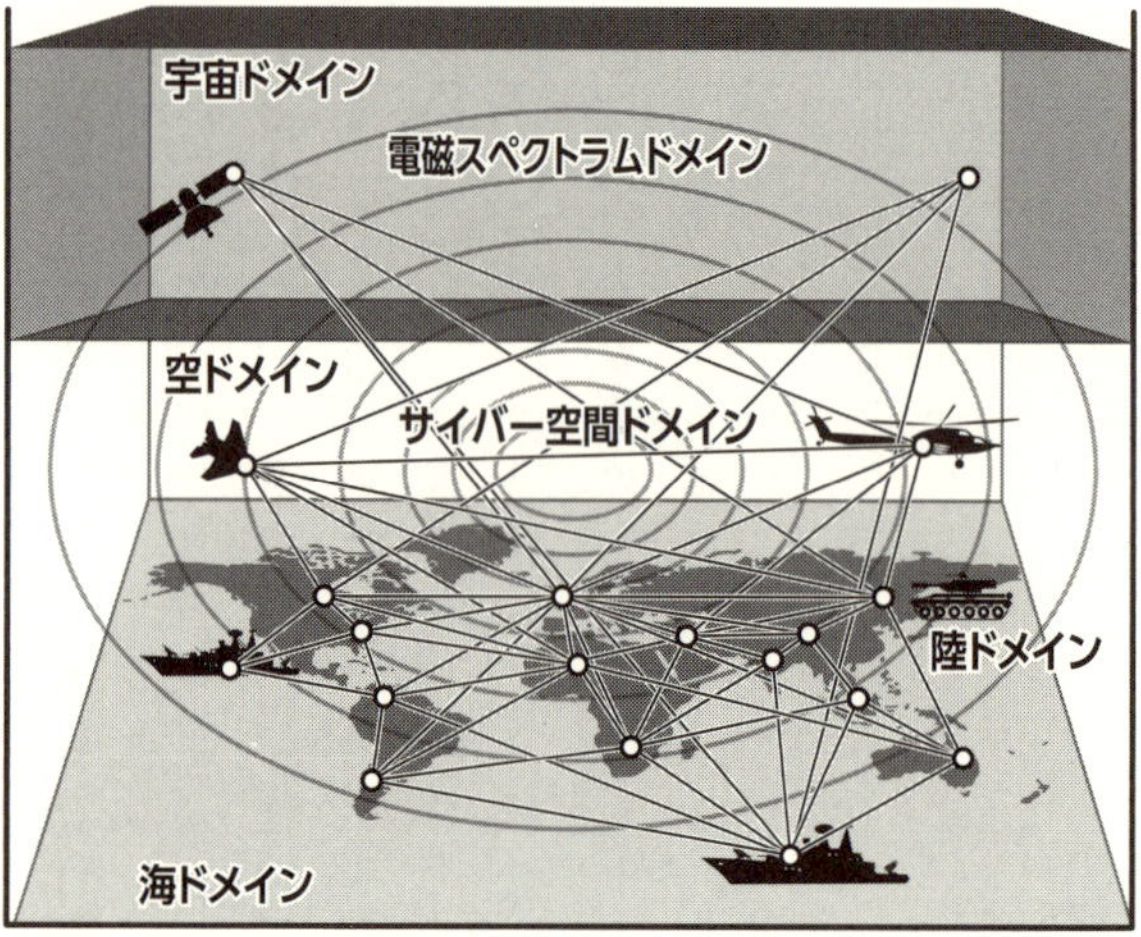

出典：米陸軍のFM3-38 Cyber Electromagnetic Activities

宙・サイバー空間・電磁スペクトラム（EMS）[※8]の作戦領域――を横断して行われる作戦です。

例えば、弾道ミサイル防衛（BMD）を考えてみましょう。陸上自衛隊は、将来的に陸上配備型イージス・システム（イージス・アショア）を装備し、陸の作戦領域からミサイルを発射し、空または宇宙の領域を飛行する敵の弾道ミサイルを破壊する作戦を行います。これは、陸から空または宇宙へのCDOです。

海上自衛隊も同様に、海の領域

に存在するイージス艦からミサイルを発射し、空または宇宙の領域で敵の弾道ミサイルを迎撃することになります。これも海から空または宇宙へのＣＤＯです。

現代戦では特に、宇宙領域での作戦（宇宙戦）、サイバー領域での作戦（サイバー戦）、電磁スペクトラム領域での作戦（例えば、通信妨害などの電子戦）が重要になっています。

なぜならば、これらの作戦は、平時有事を問わずに実施される重要な作戦だからです。特に、中国人民解放軍やロシア軍は、これらの作戦を領域横断的に実施でき、その実力は相当なレベルにあります。自衛隊も、領域横断作戦を遂行する能力を高めて、これらの軍隊に対処しなければいけません。

※８　ＥＭＳはElectromagnetic Spectrumの略。電磁スペクトラムは、低い周波数から高い周波数までの電磁波の帯域のこと

8　防衛力強靭化のための課題――人と予算の確保は死活的に重要

少子高齢化の日本において、景気が少し良くなると自衛隊の新隊員募集は非常に難しくなります。自衛官の募集適齢者（18～26歳）は平成6（1994）年度の1700万人をピークに年々減少し、2030年度には981万人に激減する見込みです。人手不足は、自衛隊のみではなく警察、消防、民間企業などあらゆる分野で深刻な影響を及ぼすことになります。

増大する脅威に対して自衛官の数が足りないのでは話になりません。解決策が必要ですが、募集難を解決する画期的な妙案はないのが現状です。対策としては、募集年齢の上限の緩和（26歳から30歳へ）、女性自衛官の増員、OBの活用、省人化、無人化、中途採用（例えばサイバー専門家の拡大）、自衛隊の魅力化施策の推進などを総合的に行うべきでしょう。悩ましいのは、外国人の受け入れですが、現段階ではハードルが高いと言わざるを得ません。

防衛予算の増額は不可避

我が国の防衛における諸問題の原因の多くは、あまりにも少ない防衛費です。防衛費の不足は深刻で、創意工夫で何とかできる状況ではありません。

かたや、最大の脅威である中国の国防費は急速な伸びを示しています。中国の国防費は米国に次いで世界第2位で、２０１７（平成29）年度は約18兆円で日本の防衛費５兆円の３・６倍です。また、１９８９（平成元）年度から現在までほぼ一貫して年二ケタの伸び率であり、２００７（平成19）年度から10年間でその国防費は約３倍になっています。

我が国はまず、ＮＡＴＯ諸国の国防費の目標値である「ＧＤＰ２％」を参考にして防衛費を逐次増やしていくべきだと思います。ちなみに、防衛費を毎年７％ずつ増加させ続けると６年後の防衛費は１・５倍になり、10年後には2倍になります。

中国の国防費は今後も年率５％以上の伸び率で増加し、日本との差はますます開くでしょうが、我が国は10年かけて防衛費をＮＡＴＯの基準並みに増額してみてはいかがでしょうか。

防衛生産基盤の維持は喫緊の課題

我が国の防衛産業を取り巻く環境には、以下のように非常に厳しいものがあります。

・安全保障関連研究開発予算は国全体の研究開発予算の４％で、米国の場合の50％とは大きな格差があります。日本の防衛産業は、政府の研究開発予算に期待できないので、自社でリスクを負いながらで研究開発せざるを得ない状況にあります。

・日本学術会議を頂点とする学会は、防衛省や防衛産業との研究協力に否定的です。

・防衛費の伸びが抑えられているなかで、Ｆ－35やイージス艦などに代表されますが、「正面装備品」の対米依存度が増大し、国内防衛産業の受注額は年々減少しています。

・米国装備品の技術開示はますます厳しく制限され、米国の技術の取得、その技術を活用した装備品の維持整備ビジネスの受託も困難になっています。

我が国の防衛産業が右記のような厳しい状況にあるために、防衛関連企業の中には防衛ビジネスから撤退する動きもあります。

一方、中国は自国での研究開発のみならず、他国の軍事技術をサイバースパイ活動などで窃取《せっしゅ》し、その技術を自国が開発した技術だと称し、兵器の国産化率を高めています。

私たちは、以上のような状況に危機感を持つべきです。優秀な国内防衛産業の存在なくして、将来の防衛装備品の研究開発・生産は考えられません。まずは、適正な基準に防衛費を増額することが重要です。そして、どうしても外国の軍事技術に頼らざるを得ないケースを除いて、「自衛隊の装備品は基本的に国産化を目指す」という、国家としての確固たる方針が不可欠です。

今後の防衛装備品には、人工知能、無人化技術など将来的に世界をリードする最先端技術の導入が不可欠です。米国や中国が民生用にも軍事用にも使えるデュアルユース技術を重視して経済発展していますが、我が国においても防衛産業を日本の成長産業として位置づけ、その育成を図ることが不可欠だと思います。

9　Gゼロ（ジーゼロ）の世界をいかに生きるか

世界は今、世界中で紛争の絶えない混沌とした状況になっています。イアン・ブレマー氏はこの世界を「Gゼロの世界」つまり「世界の諸問題を解決するリーダーがいない世界」と表現しましたが、言い得て妙です。特に、米国にドナルド・トランプ大統領が誕生してから、Gゼロの世界がより鮮明になりました。※9

トランプ大統領のアメリカ・ファーストの光と影

トランプ氏は、アメリカ・ファーストを選挙公約に掲げて2016（平成28）年の大統領選挙に勝利しました。大統領就任後もアメリカ・ファーストを連呼し、自らの支持基盤の利益を最大限尊重する言動を繰り返しています。

トランプ氏の最大の関心事は「米国の貿易赤字の削減」であり、米国内に雇用の増加をもたらす具体的な成果の獲得です。アメリカ・ファーストを貫いた結果、2018（平成30）年7月初旬の時点で、トランプ氏に対する支持率は43％（不支持率53％）で、本書執筆時点では支持率が上昇傾向にあります。

しかしトランプ氏は、自らの支持者、2018年11月に予定されている中間選挙における共和党の勝利、2020年の大統領選挙における再選という国内問題を最優先しています。そのため、国内外の至る所で軋轢《あつれき》を引き起こしています。

国内的には、リベラルな価値観を特徴とする民主党支持者やマスメディアの大部分と対立し、米国社会は完全に右と左に分断され、修復しがたい状況になっています。

対外的には、米国の同盟国さえも敵に回す言動を繰り返していて、米国が営々として築き上げてきた秩序、同盟国や友好国とのネットワーク、ソフトパワーを害する方向にあります。結果として米国が世界で孤立する傾向にあります。

トランプ氏は、バラク・オバマ前大統領の遺産をすべて否定する傾向にあり、気候変動に関するパリ協定からの離脱、環太平洋経済連携協定（ＴＰＰ：Trans-Pacific Partnership Agreement）からの離脱、イラン核合意からの離脱、人権問題に対する無関心など、既存の枠組みを拒否する傾向にあります。世界の警察官であった米国の面影はそこにはありません。

米国は依然として世界一のスーパーパワーであり、経済は順調、人口は増大し、軍事

※9　Ian Bremmerは世界的なコンサルタント会社「ユーラシアグループ」代表、その著書、Every Nation for ItselfでGゼロを提唱している

力も世界最強ですが、ノブレス・オブリージュ――高い地位にあるものの果たすべき責任――を忘れたトランプ氏のアメリカ・ファーストは、今後も世界の不安定要因になるでしょう。

結果として、米国の威信を傷つけ、米国の影響力の低下に繋《つな》がるのではないでしょうか。日米同盟にも悪影響を及ぼす可能性があります。

アメリカ・ファーストの独善的な振る舞いは、一時的な利得を米国にもたらすかもしれませんが、長期的に見た場合、米国の影響力の低下を招くことでしょう。

●米国抜きで進む新たな秩序の模索

トランプ大統領がTPPからの脱退を宣言したために、日本が主導した米国抜きのTPP11が成立間近になっています。また、米国抜きでも気候変動に関するパリ協定は機能しています。

戦後70年以上にわたり構築してきた米国主導の多国間の枠組みやルールは、米国に富をもたらし、米国を偉大にしてきました。しかし、トランプ氏は、世界貿易機関（WTO：World Trade Organization）からも脱退しようとしています。

もしも、米国がWTOから脱退すると国際貿易における米国の強みを自ら放棄することになるでしょう。

米国のTPPやWTOからの離脱は、米国をアジア地域から排除し、2050年頃を目途に世界一の強国を目指す習近平《しゅうきんぺい》主席を大いに利することになってしまいます。

このことを理解できないトランプ政権下において、米国の国際的な威信は引き続き低下し、その悪影響を日本も受けざるを得ないことを覚悟すべきでしょう。

世界一の覇権国を目指す習近平主席の中国

一方、中国について言えば、世界は中国が民主主義国家となることを期待しましたが、その期待は裏切られました。習近平国家主席は民主主義的価値観を軽視し、あくまでも中国共産党1党独裁の全体主義国家を選択しました。共産党1党独裁でも経済発展をする「中国モデル」を誇りにし、2050年に世界一の強国になることを目指しています。

実際、「混沌とした米国の民主制度に比べれば、テクノクラートが主導する中国の独裁的制度のほうが21世紀の統治モデルとして優れているかもしれない」と考える人たちが、世界には少なからずいることも事実です。

●科学技術大国を目指す中国

中国は今や、スーパーコンピューター、量子技術（通信、暗号、コンピューターなど）、自動車生産数、携帯電話生産数などの分野で世界一です。習近平国家主席は、「科学技術大国を目指す」と公言し、科学技術で世界一の米国に肉薄している状況です。

世界の科学技術の進歩に連動した軍事の趨勢《すうせい》として兵器や戦い方のハイテク化があり、この分野における中国人民解放軍の進歩には目をみはるものがあります。

人民解放軍は、現代戦にとって不可欠なサイバー戦、電子戦、宇宙戦、人工知能や無人機システムの軍事利用などの分野で目覚ましい進歩を遂げています。中国が目指す科学技術大国化は、軍事大国化を可能にする要因になっています。

●中国主導の国際秩序を目指す習近平主席

習主席は、2018年6月22日、23日の両日、北京で開催された「中央外事工作会議※10」で演説し、「中国はグローバルな統治を刷新するための道を指導しなければいけない」「中国は全世界における影響力を増大する」「新たな国際秩序の構築のために、中国主導の巨大な経済圏構想『一帯一路』や『アジアインフラ投資銀行（ＡＩＩＢ：Asian Infrastructure Investment Bank）』をさらに発展させる」などと発言しています。

いずれにしろ、「中国が主導して、米国に対抗する世界の秩序を作る」ということでしょう。

米中の覇権争いの激化

米中の覇権争いは、多岐にわたりますが、特にハイテク分野での主導権争いが一つの特徴で、とりわけ米国政府が目の敵にしているのが「中国製造２０２５」という長期戦略です。

中国は、「中国製造２０２５」に基づき、国家ぐるみで、中華人民共和国建国１００周年の２０４９年までに「世界の製造大国」を目指しています。

ハイテクは将来の民間分野のみならず軍事分野での覇権争いに直結します。懸念され

※10　外交政策に関する重要会議で、これまで2006（平成18）年と2014（平成26）年の2回行われている

るのは、ハイテク分野の覇権争いが軍事的な紛争にエスカレートすることです。我が国も米中覇権争いの影響を直接的・間接的に受ける立場にあり、その動向に細心の注意が必要です。

●米中貿易戦争

米国と中国の貿易摩擦がついに貿易戦争と表現される状況になってきました。トランプ政権は、2018年7月6日、中国による知的財産権侵害に対する制裁として340億ドル相当の中国製品に追加関税を発動しました。これに対して、中国もすぐに同規模の報復に踏み切りました。

トランプ大統領は、「最初は340億ドルだが、さらに2000億ドル、さらに3000億ドルと増やす」と脅しています。中国は、「米国は、経済史上、最大規模の貿易戦争をしかけた」と非難し、WTOに提訴しました。

米国と中国の覇権争いは、あらゆる分野での争いですが、特に将来有望な最先端技術をめぐる覇権争いの様相を呈しています。トランプ政権は、中国の最先端技術に対する中国の国家を挙げた取り組みに危機感を持っています。

図7-4 「主要国の研究開発経費総額」

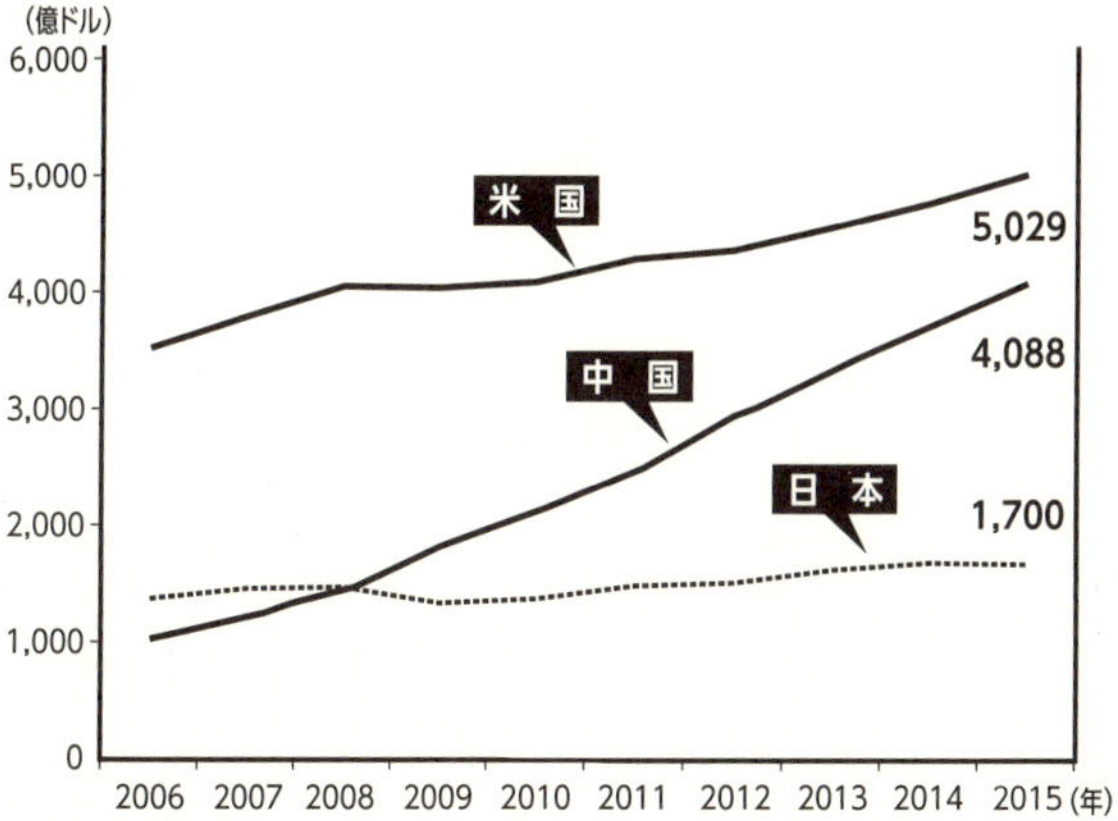

出典：経済産業省

●科学技術論文は米中２強の戦い

文部科学省所管の科学技術振興機構の調査によると、科学研究論文で、コンピューター科学や化学など４分野で中国が世界トップになりました。主要８分野を米国と分け合った形で、米国１強から「米中２強」の時代に突入したことになります。中国は科学技術予算の急増のほか、海外在住の中国人研究者の獲得や若手教育などの政策が功を奏しています。それに対して日本は科学研究論文の分野で低迷しています。

中国の躍進を支えるのが潤沢な資金と人材への投資です。２０００（平成12）

年頃の研究開発費は官民合わせても5兆円ほどでしたが、図7‐4が示すように、2015（平成27）年には4088億ドル（44兆円）と急拡大。1700億ドル（19兆円）の日本の2・4倍で、米国の5029億ドル（55兆円）に迫っています。

そのうえ先進国で学んだ中国人研究者を呼び戻しているほか、留学や派遣を通じて海外の研究人脈と太いパイプを築いています。当分、米国優位は続くとみられますが、中国との差が縮小しそうです。

日本の対応

インド太平洋地域には、2050年を目途として世界一の強国を目指す中国、核ミサイル保有を諦めていない北朝鮮、強国復活を目指すロシアが存在し、安全保障上は非常に難しい環境になっています。

これらの脅威に対する米国の関与が求められていますが、トランプ大統領のリーダーシップは予測不能です。

米国の変調、中国の台頭、北朝鮮の核・ミサイル危機の継続の状況においても、我が

図7-5「日本の選択」

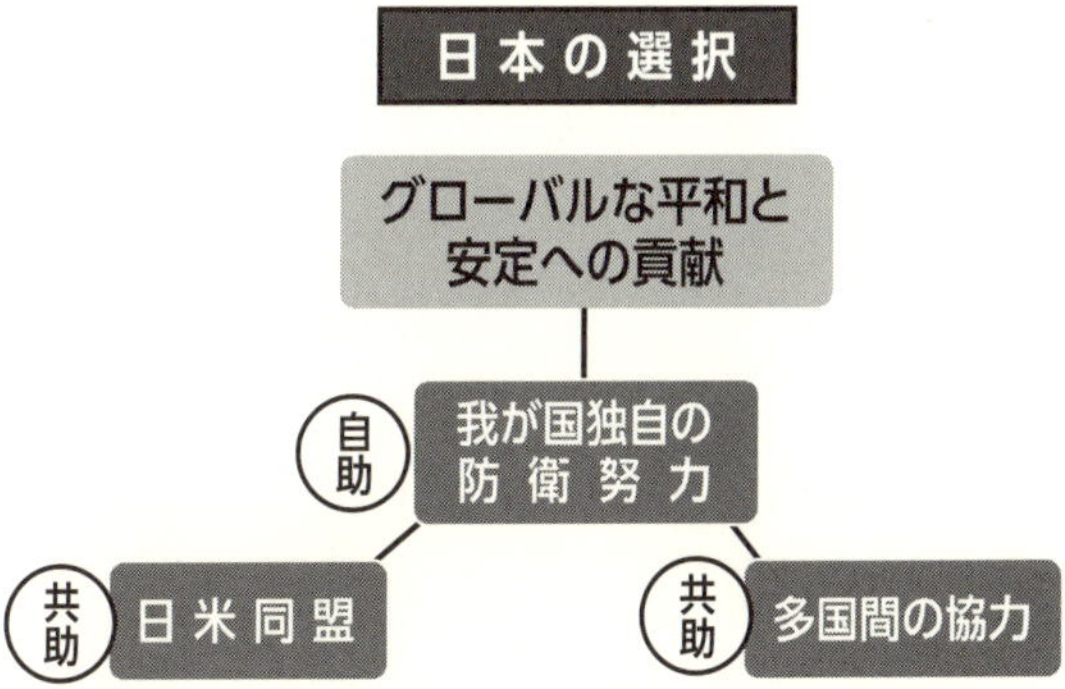

出典：筆者作成

国は王道を歩むべきです。

図７－５をご覧ください。日本はまず、日米同盟に過度に依存することなく、独立国家として自力でやるべきことをやる、つまり自助が王道です。日本は自助努力によって、「強靭《きょうじん》な日本」つまり経済大国、技術大国、防衛強国、教育大国であり続けるべきです。

自助努力を補強するのが共助としての日米同盟であり、友好諸国との連携です。しかし、自助に徐々に重心を移さざるを得ない状況にあると思います。

安全保障面では、日本は敗戦後に構築された、問題の多い安全保障態勢を抜本的に転換すべきです。憲法第９条を改正し、過度に消極的な安全保障政策を現実的なものへと転換すべきですし、スパイ防止法等の法整備も重要です。

これらは金をかけなくても実現可能で、絶大な効果がありますから、ぜひ実現してもらいたいと思います。

一方で、日米同盟は依然として重要であり、日米同盟の信頼性向上——核の傘の信頼性を含む——のために努力すべきです。

そして、国際協調主義に基づいて、世界の平和と安定のために我が国のできる範囲内で貢献すべきでしょう。

我が国は、決して「ジャパン・ファースト」などと馬鹿なことを公言することなく、国益を中心としながらも、インド太平洋地域において、そして世界において存在感のある国家としてあり続けるべきです。

生き抜く

私たちは内憂外患《ないゆうがいかん》の絶えない大変な時代を生きています。至るところに様々なリスクがあり、そのリスクを回避しながら生きていかざるを得ません。

Ｇゼロの世界では、世界の平和と安定のために最終的な責任を持ってくれる国も組織もありません。ですから、日本は自らの力と才覚で生き伸びていくしかありません。

このことは私たち一人ひとりにも当てはまります。自らの命は、最終的には自らが守るしかないのです。

人生には様々な出来事が待ち受けています。上り坂もあれば、下り坂もありますが、まさかそんなことがと思う「まさか」という「さか」もあります。

私にとっては地下鉄サリン事件がその「まさか」でした。まさか自分自身がテロの被害者になるとは思いもよりませんでした。

しかし、「まさか」は誰の身にも起こることです。「まさか」に遭遇した時にいかにうまく対処するかは、私たち一人ひとりの責任なのです。自らの危機管理は自らの責任なのです。その責任を親や社会や国に転嫁したとしても、最終的には自らが対処せざるを得ないのです。

生きていくうえでリスクの多い世の中ですが、自己責任で「生き抜く」以外ないのです。

おわりに

西日本地域を襲った「平成30（2018）年7月豪雨」は、甚大な被害をもたらしました。被害を受けた方々の大部分は、「まさか自分がこのような災害の被害を受けるとは思っていなかった」というのが実感ではないでしょうか。自衛隊は、今回の災害においても大活躍しましたが、自衛隊以外の組織の活動も、過去に比較しますと円滑に行われたと思います。これも数多くの自然災害を経験しての進歩だと思います。

しかし、自然災害の猛威は私たちの想像をはるかに超えるもので、災害への備えに終わりはありません。私は、自衛官の現役時代に、「練磨無限（Practice makes perfect.）」という言葉を多用しました。理想とする目標に到達することは難しいのですが、それでも訓練に訓練を重ねていくことの重要性を込めた言葉です。

この「練磨無限」は、自然災害への対処のみではなく、テロへの対処、グレーゾーン事態への対処、武力攻撃事態への対処でも当てはまります。

危機管理における格言に、佐々《さっさ》淳行《あつゆき》元安全保障室長の「危機管理の基本は、悲観的に準備し、楽観的に対処すること」という有名な言葉がありますが、危機管理について悲観と楽観の語呂合わせで表現することには違和感があります。

私は、「危機管理の本質は、最悪の事態を想定し、全力で対処すること」だと思っています。これをもう少しかみ砕いて表現すると、「最悪の事態を想定し、それに対する周到な対策を準備し、ことが起これば全力で対処する」ということです。

最悪の事態とは普通の人にとっては「想定外の事態」ですが、危機管理のプロはその想定外を想定し、それに備えなければいけません。

安全保障の観点で日本を見た場合、我が国は鴨がネギを背負った状態の「鴨ネギ」国家だと、私は思っています。力を信奉する米国、中国、ロシア、北朝鮮から見れば、日本は隙だらけの国家だと低い評価をしていることでしょう。

「鴨ネギ」国家の根本原因は憲法第9条です。今や国民の90%以上が自衛隊の存在を認めているにも拘《かかわ》らず、一部の憲法学者は「自衛隊は違憲である」と主張しています。この認識の相違は明らかに第9条に起因します。

第9条をめぐる長年の不毛な安全保障論議に終止符を打つためにも、憲法を改正し、

第9条に自衛隊の法的地位を明確化することが急務です。

国際政治学者ケネス・ウォルツが主張するように、「国家の目的は自国の存続にあり、自分の国は自ら守るしかない」のです。国家が存続するためには国力が問われます。その国力の構成要素は経済力、軍事力、人口、科学技術力などですが、いざとなれば軍事力が大きな要素となります。我が国で言えば自衛隊ですが、有事においてその力を存分に発揮するためには法的な整備は避けて通ることはできません。その意味でも憲法改正は喫緊の課題です。

英国の第三代パーマストン子爵ヘンリー・ジョン・テンプルは、「永遠の同盟国もなければ、永遠の敵対国もない。あるのは永遠の利害関係のみだ」という有名な格言を残しています。

トランプ大統領の登場以降、米国の同盟国の間に同盟関係に関する不安感が広がっています。日米同盟に関しては、比較的安定していますが、「自分の国は自ら守るしかない」という意識を強くすべき時代になったと思います。

私たち日本人は今、大変な激動の時代を生きていることを認識すべきですが、特に組織の上に立つ者の心得として、常在戦場、常在国難の姿勢が求められているのではないでしょうか。

なお、本書については、渡部が全体の6分の5を執筆し、残り6分の1を木村康張元一等海佐が執筆しました。木村元一海佐は、海上自衛隊の小月教育航空隊司令、第二航空隊司令を歴任した後に退職し、現在、渡部と同じ研究グループに所属しています。

最後になりましたが、本書の執筆を支えていただきました多くの方々、そして最後まで本書を読んでいただいた読者諸氏に感謝申し上げます。

平成30（２０１８）年8月吉日

渡部悦和

ケーススタディで背筋が凍る

日本の有事

——国はどうする、あなたはどうする？

だからこそ今、日本強靭化宣言

著者 渡部悦和

２０１８年9月10日 初版発行

渡部悦和（わたなべ・よしかず）
日本戦略研究フォーラム・シニアフェロー、元ハーバード大学アジアセンター・シニアフェロー、元陸上自衛隊東部方面総監。１９７８（昭和53）年、東京大学卒業後、陸上自衛隊入隊。その後、外務省安全保障課出向、ドイツ連邦軍指揮幕僚大学留学、防衛研究所副所長、陸上幕僚監部装備部長、第二師団長、陸上幕僚副長を経て２０１１（平成23）年に東部方面総監。２０１３年退職。著書に『米中戦争——そのとき日本は』（講談社現代新書）『中国人民解放軍の全貌』（扶桑社新書）がある。

発行者 佐藤俊彦
発行所 株式会社ワニ・プラス
〒１５０-８４８２
東京都渋谷区恵比寿４-４-９ えびす大黒ビル７F
電話 ０３-５４４９-２１７１（編集）
発売元 株式会社ワニブックス
〒１５０-８４８２
東京都渋谷区恵比寿４-４-９ えびす大黒ビル
電話 ０３-５４４９-２７１１（代表）
装丁 橘田浩志（アティック）
柏原宗績
DTP 平林弘子
印刷・製本所 大日本印刷株式会社

ISBN 978-4-8470-6134-9
ワニブックスHP https://www.wani.co.jp